强国书系

网络强国

谢新洲◎著

人民日报出版社
北京

图书在版编目（CIP）数据

网络强国 / 谢新洲著. -- 北京 : 人民日报出版社,
2023.5
ISBN 978-7-5115-7720-7

Ⅰ. ①网… Ⅱ. ①谢… Ⅲ. ①互联网络—发展—研究
—中国 Ⅳ. ①TP393.4

中国国家版本馆CIP数据核字(2023)第060045号

书　　名： 网络强国
WANGLUO QIANGGUO
著　　者： 谢新洲

出 版 人： 刘华新
策 划 人： 欧阳辉
责任编辑： 寇　诏　杨冬絮
装帧设计： 元泰书装

出版发行： 人民日报出版社
社　　址： 北京金台西路2号
邮政编码： 100733
发行热线： （010） 65369509 65369512 65363531 65363528
邮购热线： （010） 65369530 65363527
编辑热线： （010） 65363105
网　　址： www.peopledailypress.com
经　　销： 新华书店
印　　刷： 大厂回族自治县彩虹印刷有限公司
法律顾问： 北京科宇律师事务所 010-83622312

开　　本： 710mm×1000mm　1/16
字　　数： 220千字
印　　张： 15.5
版　　次： 2023年5月第1版
印　　次： 2023年5月第1次印刷

书　　号： ISBN 978-7-5115-7720-7
定　　价： 58.00元

总 序

新征程指向新目标，新目标引领新征程。

在党的二十大报告中，习近平总书记浓墨重彩地描绘了“分两步走”全面建成富强民主文明和谐美丽的社会主义现代化强国的宏伟蓝图，开启了全面建设社会主义现代化国家新征程。

这是一个划时代的战略谋划，是一段将永载史册的壮丽征程。

新征程之“新”，体现为中国共产党的中心任务的明确：“团结带领全国各族人民全面建成社会主义现代化强国、实现第二个百年奋斗目标，以中国式现代化全面推进中华民族伟大复兴。”这是我们党作出的郑重宣示，是激励全党全国各族人民奋进新征程、建功新时代的总动员令。

新征程之“新”，体现为社会主义现代化强国建设道路的科学谋划：新中国成立特别是改革开放以来，我们用几十年时间走完西方发达国家几百年走过的工业化历程，创造了经济快速发展和社会长期稳定的奇迹，成功走出了中国式现代化道路，为中华民族伟大复兴开辟了广阔前景。党的十八大以来，我们党在已有基础上继续前进，不断实现理论和实践上的创新突破，成功推进和拓展了中国式现代化。中国式现代化是党领导人民长期探索和实践的重大成果，符合中国实际、反映中国人民意愿、适应时代发展要求，既体现了社会主义建设规律，也体现了人类社会发展规律，是实现社会主义现代化的必由之路，是创造人民美好生活的必由之路，是实现中华民族伟大复兴的必由之路。实践充分证明，中国式现代化不仅走得对、走得通，而且走得稳、走得好！

新征程之“新”，体现为社会主义现代化强国内涵的丰富和拓展：党的二十大报告指出，到二〇三五年，建成教育强国、科技强国、人才强国、文化强国、体育强国、健康中国；要求加快建设制造强国、质量强国、航天强国、交通强国、网络强国、数字中国，加快建设农业强国、海洋强国、贸易强国。这擘画了全面建成社会主义现代化强国的宏伟蓝图，目标清晰、任务明确，吹响了奋进号角。

新征程的开启，新目标的设定，均建立在中国共产党百余年持续不懈奋斗取得的巨大成就基础之上。

100 多年来，中国共产党和中国人民创造一个又一个彪炳史册的人间奇迹，为开启全面建设社会主义现代化国家新征程，奠定了雄厚的理论基础、实践基础、制度基础。自成立之日起，我们党领导人民进行 28 年浴血奋战，完成新民主主义革命，为实现现代化创造了根本社会条件。新中国成立后，中国共产党人将现代化国家建设提上具体议事日程，团结带领人民取得社会主义革命和建设的伟大成就，为现代化建设奠定了根本政治前提和宝贵经验、理论准备、物质基础。改革开放后，中国共产党人对中国式现代化的探索不断深化，团结带领人民取得改革开放和社会主义建设的伟大成就，为中国式现代化提供了充满新的活力的体制保证和快速发展的物质条件。中国特色社会主义进入新时代，中国共产党人在已有基础上继续前进，不断实现中国式现代化理论和实践上的创新突破，为中国式现代化提供了更为完善的制度保证、更为坚实的物质基础、更为主动的精神力量，也成为开启全面建设社会主义现代化国家新征程最直接、最现实的依据。

开启新征程，既是一项光明而前途远大的神圣事业，更是一项需要经过长期奋斗、付出巨大努力才能实现的伟大事业。全面建成社会主义现代化强国、以中国式现代化全面推进中华民族伟大复兴，绝不是轻轻松松、敲锣打鼓就能实现的，必须准备付出更为艰巨、更为艰苦的努力。

船行大海，离不开灯塔的引航；伟大征程，离不开科学理论的指南。

党的十八大以来，以习近平同志为核心的党中央紧紧围绕新时代坚持和发展什么样的中国特色社会主义、怎样坚持和发展中国特色社会主义，建设什么样的社会主义现代化强国、怎样建设社会主义现代化强国，建设什么样的长期执政的马克思主义政党、怎样建设长期执政的马克思主义政党等重大时代课题，进行艰辛理论探索，取得重大理论创新成果，创立了习近平新时代中国特色社会主义思想。习近平新时代中国特色社会主义思想，是当代中国马克思主义、二十一世纪马克思主义，是中华文化和中国精神的时代精华，是全党全国人民全面建设社会主义现代化国家、为实现中华民族伟大复兴而奋斗的行动指南，为我们全面建设社会主义现代化国家、谱写社会主义现代化新征程的壮丽篇章提供了根本遵循。

凡是过往，皆为序章。

开启新征程，我们更有信心和底气实现新目标。

有习近平新时代中国特色社会主义思想的科学指引，有中国共产党的坚强领导，有中国式现代化的显著优势，有全党全国人民团结奋斗的磅礴伟力，全面建成社会主义现代化强国的目标一定能够实现，中华民族伟大复兴的中国梦一定能够实现！

为帮助广大党员干部深刻理解全面建成社会主义现代化强国的奋斗目标，系统把握全面建成社会主义现代化强国的战略安排，人民日报出版社组织知名专家学者撰写“强国书系”，从不同侧面系统阐述社会主义现代化强国的丰富内涵和推进路径。我相信，“强国书系”的编撰出版，对于广大读者理解新思想、锚定新目标、奋进新征程，都具有一定的理论和实践指导意义。

代 序

网络强国战略思想的理论价值和时代贡献

谢新洲

党的十八大以来，以习近平同志为核心的党中央深刻把握信息革命发展大势，运用马克思主义立场、观点、方法科学总结我国互联网波澜壮阔的发展实践，提出了关于互联网发展治理的一系列新思想、新观点、新论断，形成了网络强国战略思想。2014 年 2 月 27 日，习近平总书记在中央网络安全和信息化领导小组第一次会议上指出，网络安全和信息化是事关国家安全和国家发展、事关广大人民群众工作生活的重大战略问题，要从国际国内大势出发，总体布局，统筹各方，创新发展，努力把我国建设成为网络强国。2015 年 10 月，党的十八届五中全会明确提出要实施网络强国战略，建设网络强国正式成为国家的重要战略任务。2018 年 4 月 20 日，习近平总书记在全国网络安全和信息化工作会议上对加快推动网络强国建设进行全面部署，进一步深刻阐述了网络强国战略思想的丰富内涵，推动网络强国战略思想更加成熟和完善。2022 年 10 月 16 日，党的二十大报告中明确提出，要加快建设网络强国。习近平总书记关于网络强国的重要思想作为习近平新时代中国特色社会主义思想的重要组成部分，对中国乃至世界互联网发展治理进程产生了重大影响，具有重要的理论价值与时代贡献。

马克思主义基本原理的创造性运用

马克思主义经典作家所处的时代还没有互联网，不可能对认识和驾驭互联网给出现成答案。如何运用马克思主义基本原理分析和把握互联网规律，成为当代马克思主义发展的重大理论课题，也是信息时代坚持和发展中国特色社会主义必须解决的迫切问题。

网络强国战略思想坚持唯物史观，深刻阐明人类社会发展正在经历信息革命。中华民族在农业社会曾创造了辉煌灿烂的文明，却与近代以来第一次、第二次工业革命的重要机遇失之交臂。当前，信息化正是实现中华民族伟大复兴千载难逢的历史机遇。网络强国战略思想从生产力与生产关系、经济基础与上层建筑的矛盾运动规律出发，深刻阐明网信事业代表着新的生产力和新的发展方向，互联网日益成为创新驱动发展的先导力量，深刻影响着国际政治、经济、文化、社会、生态、军事等领域的发展，深刻改变着人们的生产生活方式，网络日益成为信息传播的新渠道、生产生活的新空间、经济发展的新引擎、文化繁荣的新载体、社会治理的新平台、交流合作的新纽带、国家主权的新疆域。没有网络安全就没有国家安全，没有信息化就没有现代化。我们必须敏锐地抓住信息化发展的历史机遇，为全面建设社会主义现代化国家、全面推进中华民族伟大复兴作出新的贡献。这些重要思想和论断，突出强调了互联网在国家安全、经济社会发展和人民生活中的重要地位。

网络强国战略思想运用唯物辩证法，坚持全面、发展、联系地看待和发展互联网。互联网裂变式、革命性发展中涉及的一系列问题是辩证统一的，必须坚持统筹兼顾，将网络安全和信息化作为一体之两翼、驱动之双轮，统一谋划、统一部署、统一推进、统一实施，全面系统地研究解决网络内容建设、网络安全、核心技术突破、信息化驱动、网信领域军民融合、网络空间国际治理等问题。同时，互联网发展治理存在着技术创新与维护安全、保障自由与构建秩序、信息共享与隐私保护、资源汇聚与数字鸿沟、开放合作与自主可控等矛盾。网络强国战略思想从矛盾论出发，强调互联网是一把"双刃剑"，要坚持辩证分析和科学对待，正确处理好发展与安全、自由与秩序、开放与自主、继承与创新、管理与服务、网上与网下、国内与国际等方面的对立统一关系，并提出了系统的解决方案。

网络强国战略思想从本体论和认识论出发，揭示了互联网的社会空间属性。人们对互联网属性的认识，经历了从工具论到媒体论再到产业论的持续深化过程。然而，这些认识都只能反映互联网某个时期、某一方面的属性。网络强国战略思想则高屋建瓴地揭示了互联网的社会空间属性：互联网全面融入社会生产生活的方方面面，形成了一个客观存在的、与现实社会密不可分的网络空间。这无疑打开了人类科学认识互联网属性的大门。以此为基础，国家主权从陆海空天扩展到网络空间，网络治理在社会治理中的地位日益突出，网络安全成为国家安全密不可分的重要组成部分，信息化成为经济社会发展的强大引擎，构建网络空间命运共同体成为构建人类命运共同体的题中应有之义。

我国互联网发展实践的科学总结

我国接入国际互联网近 30 年来，特别是党的十八大以来，互联网发展取得了令人瞩目的历史性成就，网络空间日渐清朗，网络信息技术与数字经济蓬勃发展，在人类互联网发展史上书写了光辉篇章。网络强国战略思想正是在我国互联网发展的沃土中孕育的，是在解决互联网现实问题的伟大实践中不断丰富和完善的。

网络强国战略思想立足实践、尊重实践。对于互联网这样一个新兴领域的各种探索和尝试，我们既没有盲目排斥和拒绝，也没有一味纵容和放开，而是始终坚持积极、审慎、稳妥的态度，坚持实事求是、兴利去弊、扬长避短、为我所用。比如，在网络治理方面，鼓励公众通过互联网参与公共事务，让公权力运行更加公开透明。在产业发展方面，对新产业、新模式、新业态给予支持，对“野蛮生长”问题加以规范。同时，处理好新旧事物之间的关系，通过实施“互联网 +”行动计划，实现网络与社会有机融合，推动移动支付、电子商务、共享出行等互联网应用迅猛发展，创造了令世界瞩目的发展奇迹。

网络强国战略思想具有明确的问题导向。网络强国战略思想正视我国网信事业发展实践中存在的短板和不足，提出了明确的解决思路和路径。比如，互联网已成为舆论宣传主阵地，但一些媒体尚未完全适应信息时代舆论宣传的客观需要。网络强国战略思想强调要推进网上宣传理念、内容、形式、方法、手段等创新，把握好时度效，不断巩固全党全国人民团结奋斗的共同思想基础。又如，针对我国网络治理能力有待进一步提升的问题，网络强国战略思想强调要加强党中央对网信工作的集中统一领导，推动建立网络综合治理体系，各地区各部门领导要高度重视网信工作，主动提高用网能力，同时充分发挥企业、院校、智库以及社会组织的作用，汇聚全社会力量，齐心协力推动网信工作的进步。再如，针对互联网核心技术受制于人的问题，网络强国战略思想强调要下定决心、保持恒心、找准重心，从产业体系、技术研发、制度环境、基础研究等多个角度入手实现技术突破。正是在网络强国战略思想的指引下，网信领域解决了许多长期想解决而没有解决的难题，办成了许多过去想办而没有办成的大事。

网络强国战略思想体现鲜明的价值取向。网络信息技术的快速迭代给人类带来很多社会问题和伦理难题。网络强国战略思想立足中国国情，汲取中华优秀传统文化的精华，体现了鲜明的价值取向，为解决这些问题和难题提供了中国智慧。比如，网络强国战略思想坚持以人民为中心，强调在网信事业发展中贯彻以人民为中心的发展思想，提供老百姓“用得上、用得起、用得好的信息服务”；在网络空间治理中认真聆听网民声音，发挥舆论监督作用；走好网上群众路线，了解群众所思所愿，收集好想法、好建议，积极回应网民关切，解疑释惑；让互联网成为我们同群众交流沟通的新平台，成为了解群众、贴近群众、为群众排忧解难的新途径，成为发扬人民民主、接受人民监督的新渠道。又如，网络强国战略思想坚持把依法治网作为网络空间治理的基础性手段，确立了法治在网络空间的主导地位。强调互联网不是法外之地，把传统法律法规延伸到网上，同时加强网络空间的立法、执法、守法，对网上诈骗、网络色情、网络暴力、侵害公民个人信息安全等各类违法犯罪行为依法惩处，确保互联网在法治轨道上健康运行。在网络强国战略思想的引领和推动下，依法管网、依法办网、依法上网已成为普遍共识。

应对全球网络空间挑战的系统方案

互联网为经济社会发展注入了强劲动力，也给世界各国主权、安全、发展利益带来许多新的挑战。网络空间这么大、问题挑战这么多，应该如何应对成为摆在世界各国面前的重大课题。互联网让世界变成了“鸡犬之声相闻”的地球村，任何国家都不可能逆历史潮流而动，单纯从自身的利益和喜好出发塑造全球网络空间治理结构。互联网发展的历史注定将由世界各国共同书写。网络强国战略思想顺应这一趋势，强调推进全球互联网治理体系变革、构建网络空间命运共同体，倡导各国在平等、相互尊重的基础上，在开放中合作、以合作求共赢，实现全球网络空间的“美美与共”。这是构建人类命运共同体思想在网络空间的具体体现，贯穿着“天下一家”“协和万邦”的和谐理念，符合中国人民和世界各国人民的利益。

从各国实践看，加强网络空间治理、维护互联网健康有序发展是互联网发展治理的重要任务。党的十八大以来，以习近平同志为核心的党中央系统部署、全面推进我国网络安全和信息化工作，不断开创互联网发展治理新局面。从高规格成立中央网络安全和信息化领导小组并进一步改为中央网络安全和信息化委员会，到推进全国网信工作体系建设、形成“一盘棋”格局；从制定发布《国家信息化发展战略纲要》《国家网络空间安全战略》等一系列战略性、制度性文件，加强网信领域顶层设计和战略规划，到《中华人民共和国网络安全法》《互联网新闻信息服务管理规定》等一批法律法规相继出台，在网络强国战略思想指引下，中国走出了一条具有自身鲜明特色的治网之路，为世界其他国家平等自主地发展互联网、治理互联网提供了重要参考和借鉴。

从世界范围看，网络空间国际治理已经成为全球治理的新兴领域和重要方面。互联网领域发展不平衡、规则不健全、秩序不合理等问题日益凸显，不同国家和地区信息鸿沟不断拉大，现有的网络空间治理规则难以反映大多数国家的意愿和利益，世界范围内侵犯个人隐私、侵犯知识产权、网络犯罪等问题时有发生，网络监听、网络攻击、网络恐怖主义活动等成为全球公害。面对这些问题和挑战，习近平同志创造性地提出了全球互联网发展治理的“四项原则”“五点主张”，倡导尊重网络主权、构建网络空间命运共同体，并用“发展共同推进、安全共同维护、治理共同参与、成果共同分享”深刻诠释了网络空间命运共同体的重要内涵。这是我国推动网络空间国际合作、探寻网络空间国际治理体系建设的重要创新成果，得到了国际社会的广泛赞誉和积极响应。网络强国战略思想正不断为解决网络空间发展治理这一关乎人类前途命运的问题贡献中国智慧和中国方案。

目　录

第一章 网 / 络 / 强 / 国

互联网崛起

互联网自兴起后，凭借其技术效能优势，快速成为信息通信、媒体传播等领域的主导技术。互联网空前的传播、连接、组织和创新能力带来内容生产和传播方式、社会资源调度和转化方式的持续迭代，对社会生产生活产生了深远影响。互联网逐渐向经济、政治、文化、社会等诸多领域渗透，带来技术体系、产业体系、经济体系乃至社会秩序的深刻变革。

在信息时代，互联网彰显多重价值。作为一种颠覆性技术，互联网成为现代化国家建立国际竞争优势的关键战略资源，各国纷纷加紧对互联网的战略布局；作为一种思想载体，互联网的“自由、平等、开放、共享”精神带来全球范围的思想解放，对传统的社会观念和意识形态造成冲击；作为一种全新的虚拟空间，互联网持续向现实社会嵌入，带来人们生产生活环境、方式及其逻辑的深刻变迁，拓展了社会治理的边界与方式。网络强国战略便是在互联网发展及其带来的技术、思想和社会运转模式根本性变革下，因应我国战略发展需要和国情实际而制定的战略决策。

一、互联网的发轫与发展

追溯历史，互联网的发展涉及主权国家、科研团队、技术社群、市场主体、用户（公众）等多方力量。多种利益关系相互交织，既有技术攻关，又有市场推广；既有国家意志，又有商业行为；既有公共利益，又有私人利益。很少有像互联网这样的技术革新能够引起如此大范围、多领域的社会变迁和利益协调，网络强国建设的复杂性、艰巨性以及必要性凸显。

（一）国家安全与发展需要

互联网最早服务于军事。1969 年，美国政府因为冷战需要建立了“阿帕网”（ARPAnet），希望以一个分散的、去中心化的指挥系统应对苏联打击其军事指挥中心的潜在威胁，这被认为是互联网诞生的标志。随着互联网的应用与发展，其空前卓越的信息传输能力充分展现出来。这一具有变革性意义的新兴技术很快从军事领域向教育、科研以及后来的媒体、商业、政务等领域蔓延——一个崭新的“互联网时代”到来。技术的变革引来全世界的关注，互联网被视为“掌握未来世界竞争先机的枢纽”，各国加紧研究、部署互联网建设。新一轮的国际竞争围绕互联网展开，比如在美欧围绕互联网通信协议的争夺中，最终 TCP/IP 传输协议“胜出”，成为互联网普遍遵循的基础协议，使得美国在互联网发展初期便占据了互联网规则制定及维护的主导权。又如，在美国国家信息基础设施（National Information Infrastructure，简称 NII）建设战略的带动下，全球范围内掀起包括互联网建设在内的信息基础设施建设浪潮（也称“信息高速公路”[①]）。互联网成为基础设施，意味着这种新兴技术逐渐成为综合国力的重要组成部分，日益成为主权国家维护国家安全、建立国际竞争优势的关键。

我国于 1994 年 4 月 20 日正式接入国际互联网。在改革开放的背景下，作为推进国民经济信息化的重要手段，接入互联网以及发展互联网既是一种“水到渠成”的结果，又在特定的历史阶段被赋予迈向“现代化”的历史意义。[②]在基本内涵上，现代化是一个进步的、迈向现代社会的过程。在政治意义上，我国官方话语中的“现代化”更多是指通过科学技术革命和经济发展，在经济上赶超世界先进水平，在政治上巩固制度变革取得的成果。[③] 1995 年 5 月 6 日，中共中央、国务院作出了《关于加速科学技术进步的决定》，提出了科教兴国战略。当年，时任国家主席江泽民在全国科学技术大会上指出：“党中央、国务院决定在全国实施科教兴国战略，是总结历史经验和根据我国现实情况所作出的重大部署。没有强大的科技实力，就没有社会主义的现代化。”[④]

互联网站在关键的历史节点上。对此，亚信（Asialnto）创始人田溯宁曾发文论述以计算机网络通信技术为基础的“信息高速公路”与中国现代化的关系，“‘信息高速公路’对中国现代化进程的特殊意义和迫切性在于，它有可能对我国现代化建设所面临的，而又难以用传统方式解决的能源、交通和环境问题，提供一种新型的缓解方法，使中国现代化建设在某种程度上，利用新型技术，不沿用传统的发展模式，就能解决对能源、交通的

---

① “信息高速公路”指的是由美国联邦政府引导和领导工业界建立的以现代计算机网络通信技术（互联网）为基础，以光纤为骨架，跨越美国东海岸，纵横北美大陆的大容量、高速度的电子数据传递系统。

② 谢新洲，石林．基于互联网技术的网络内容治理发展逻辑探究 [J]. 北京大学学报（哲学社会科学版），2020，57(4):127-138.

③ 陈柳钦．现代化的内涵及其理论演进 [J]. 经济研究参考，2011(44):15-31.DOI:10.16110/j.cnki.issn2095-3151.2011.44.002.

④ 中共中央 国务院召开全国科学技术大会　号召在全国形成实施科教兴国战略热潮 [N]. 人民日报，1995-05-27(1).

大量需求，以及对环境的巨大破坏问题”[①]。

综上，从起源来看，互联网本质上是国际竞争的产物。各国发展互联网根本上是希望利用先进信息技术构建起维护国家安全、服务国家战略、建立竞争优势的信息基础设施。因此，国家战略的需要是建设网络强国的根本逻辑，国家意志和国家行动是推动互联网发展的首要因素。

（二）科研力量推动

对于互联网这一新兴技术而言，在其研发、孵化和推广的过程中，科研力量无疑起到了重要的推动作用。互联网的雏形“阿帕网”最早的 4 个节点便设立在美国的四所高校。20 世纪 80 年代中期，出于科研需要，美国国家科学基金会（National Science Foundation，简称 NSF）在全国建立了 6 个超级计算机中心，并为了进一步便利各地科研团队间实现成果共享、信息交互，于 1986 年资助建立了能够连接起这 6 个计算机中心的主干网络，即 NSFnet。此后，NSFnet 替代 ARPAnet 成为 Internet 的主干网。

在我国，科研院所和高等学校同样对互联网的落地及其早期发展发挥着先行探索的重要作用。我国接入国际互联网，离不开科技界的努力。早在 1986 年，北京市计算机应用技术研究所与德国卡尔斯鲁厄大学合作，启动中国学术网国际联网项目，被视为中国互联网雏形。1989 年，在中国科学院主持下，北京大学和清华大学共同启动了中关村地区教育与科研示范网络——中国国家计算机与网络设施（National Computing and Networking Facility of China，简称 NCFC）。从 1990 年开始，包括北京市计算机应用研究所、中科院高能物理研究所等在内的科研单位先后将自己的计算机与 CNPAC（公用交换数据网，X.25 试验网）相连接，开始尝试构建国内的科研网络。同时，我国的科研专家通过国际会议不断向国际互联网界人士提

① 田溯宁．美国“信息高速公路”计划及对中国现代化的启示 [J]. 科技导报，1994(2):25-26.

出中国接入国际互联网的请求，终于在 1994 年，在中美科技合作联委会会前，中方向美国国家科学基金会（NSF）提出的连入 Internet 的请求得到了认可。同年 4 月 20 日，NCFC 工程通过美国 Sprint 公司连入 Internet 的 64K 国际专线开通。从此，中国实现与 Internet 的全功能连接。

可见，互联网的发展是国家科技实力、科研能力的体现，是国家战略意图与科研攻关工作相配合的过程。特别是在我国，互联网发展被包裹在以“科学技术是第一生产力”为代表的现代化话语中，如何处理好国家发展与科研发展的关系、如何更好地利用科研力量促进互联网发展以服务国家战略，成为建设网络强国的题中之义。

（三）商业力量驱动

互联网的发展潜力和发展空间吸引商业力量大规模涌入。一方面，信息化战略的实施和信息基础设施建设的加速为互联网商业提供了物质基础；另一方面，互联网技术扩散是经济全球化的表现[①]，互联网伴随商业化浪潮进入大众视野。早期互联网的商业化进程主要表现在三个方面：一是创业者纷纷着眼互联网行业，开展远未饱和的互联网信息服务业务，互联网企业数量激增，涌现出瀛海威、亚信、搜狐、新浪、网易、阿里巴巴等代表性企业和张树新、田溯宁、张朝阳、王志东、丁磊、马云等代表性人物。二是互联网用户数量激增，1996 年底，我国上网的计算机还不到 1 万台，上网人数也仅为 10 万人，到 1999 年，中国网民数量达到 890 万人，电脑保有量达到 1500 万台。[②] 互联网信息服务的“买方市场”逐渐成形，并带动信息服务向实体经济融合。1999 年全国掀起电子商务热潮，也正是这一年的 4 月 15 日，阿里巴巴正式上线。三是互联网掀起“投资热”，商业资本疯狂涌入互联网行业。20 世纪 90 年代后期，主要以互联网公司股票构成的

① SRNICEK N. Platform capitalism[M]. New York：John Wiley & Sons, 2017.

② 数据来源：中国互联网络信息中心（CNNIC）中国互联网络发展状况统计报告 (2000/1)。

纳斯达克指数持续飙升，在相对开放的资本市场政策环境下[①]，激发了国内互联网公司的上市热潮。2000年，新浪、网易、搜狐三大门户网站相继在美国上市。

互联网的商业化进程不仅有“发展”和“成功”，也有“失败”与“挫折”。经历挫折后，互联网行业的自我调适、革新，更深层地体现出互联网的商业化属性。大规模的盲目投机行为使得互联网行业在21世纪初遭遇了资本市场的全线崩溃。“互联网泡沫”后亟须一种新的商业模式提振行业信心，Web 2.0概念正是在这样的背景下提出的。互联网企业开始重新思考，单单只做内容，成为媒体，依靠广告、内容服务、佣金等方式，是否足以抵挡得住资本市场的波动和金融危机的侵蚀？“鼠标＋网络”模式的新经济是否真正完全超越了“砖块＋水泥”为代表的传统产业？于是，互联网行业开始寻求向实体经济融合或改造传统产业的可能性（如电子商务），互联网的“平台经济”模式逐渐建立起来。

从“互联网＋”到“数字经济”，互联网释放出巨大的经济潜力，为全球经济发展带来相当可观的效益。同时，在商业力量的驱动下，互联网技术和应用持续创新以更贴合用户（市场）需求，互联网技术发展呈现出商业化趋向。建设网络强国的现实需要由此展开：一方面，主导互联网市场，有利于把握全球经济发展的主导权和话语权；另一方面，处理好与商业力量的关系，有利于借力维系互联网基础技术及基础设施建设的主导权和自主权。

（四）用户参与及反作用

随着互联网和上网终端设备的普及，互联网“飞入”寻常百姓家。民众的信息服务获取渠道日益向网络端转移，“网民”群体出现。从电子邮件、

① 2001年，中国证监会发布《上市公司行业分类指引》，正式将传播与文化产业定为上市公司13个基本产业门类之一，即承认传媒业是产业，可以按照有关规定和程序上市融资。2003年，国务院办公厅印发的《文化体制改革试点中支持文化产业发展的规定（试行）》，明确规定，“通过股份制改造实现投资主体多元化的文化企业，符合条件可申请上市”。

新闻组，到门户网站、即时通信、搜索引擎，再到社交媒体、网络视频（含短视频）、电子商务，一方面互联网的服务形态日渐丰富、多元，给人们的生产生活带来了极大便利，另一方面互联网的发展与优化始终是技术创新与用户需求交织的产物，技术在便利人们的同时，人们也在选择技术。互联网从早期的通信功能为主发展为后来的娱乐功能为主，反映的是社会矛盾焦点的转移和社会生活方式的变迁；从欧美主导的社交媒体发展到由中国引领的短视频潮流，是信息基础设施、互联网技术与文化环境、娱乐方式等共同作用的结果。

互联网日益成为人们重要的生活空间、舆论场域、服务场景。随着互联网与实体经济、线下服务相融合，线上线下的虚实界限逐渐消弭。互联网的技术赋能，使得公众与社会各项事务产生更多、更深层次的互动。一方面，互联网给予人们空前的话语权，公众可以更广泛地参与到公共事务中，网络政治参与、网民监督、网上办事已成为生活的常态；另一方面，互联网在成为现实社会问题“放大器”的同时，也带来了网络犯罪、网络诈骗、网络暴力、虚假信息等诸多新问题，对传统的社会秩序造成强烈冲击。互联网对现实社会的影响越发显著，治国理政必须将互联网纳入范畴，互联网治理由此成为社会治理、国家治理的重要方面。

可见，互联网的发展离不开用户的广泛参与，并受到用户需求和反馈的引导。随着互联网越发深度地嵌入社会生活，互联网发展越发紧密地与人民的切身利益、人民的发展联系在一起。习近平总书记在网络安全和信息化工作座谈会上强调，推动我国网信事业发展，让互联网更好造福人民[①]。建设网络强国本质上是对人民群众根本利益的切实维护，是党和国家以人民为中心发展思想的体现，要以用户为导向把握互联网技术发展趋势，发挥新媒体凝聚社会共识的作用，运用互联网提升国家治理体系和治理能力现代化水平。

① 习近平．在网络安全和信息化工作座谈会上的讲话（2016 年 4 月 19 日）// 习近平．论党的宣传思想工作 [M]. 北京：中央文献出版社 ,2020:190.

二、互联网的技术特征与内涵

与传统的信息通信、媒体传播等技术不同，互联网具有独特的技术特征，因此促成了其独特的技术效能和技术优势。伴随互联网对社会生活的广泛嵌入，互联网的技术特征带来了社会生产生活理念、方式乃至社会秩序的深刻变革。同时，技术蕴含着技术研发者、设计者的研发和设计意图，这些意图往往在表面上呈现的是以“解决问题”“满足用户需求”为导向的实用主义倾向，其背后则是技术研发者和设计者价值观念、思想道德、文化习俗等因素共同作用的结果。从马克思主义基本原理看，意识形态总是与一定的物质基础相契合、相伴行。用户在使用技术时，受到技术框架设计、技术使用知识、技术使用规范等约束，形成与技术意识形态相对应的技术使用行为。技术意识形态的影响还会随着技术的广泛普及，进一步引发既有社会秩序、思想观念、规则规范的变化。从这个意义上，互联网所具有的划时代意义不仅体现在其技术特征上，还体现在其技术特征背后的技术内涵中。

除此之外，互联网的技术与结构方面去中心化和扁平化特征，以及节点的平等参与性也孕育了在精神层面互联网与生而来的开放性、交互性和多媒体特征。

（一）开放性：信息化的世界观

互联网的互联特性给人类空间观带来改变。互联网使信息传播突破了原有的地域条件限制，建立起信息的全新拓扑结构。借助互联网，人们可以即时了解国际大事、进行国际合作与贸易、获取各国的文化与科技成果。互联网成为全球化的推动力量，也改变了人的世界观念。“天下无外”思想的回归，“人类命运共同体”概念的提出无不受到此类世界观念的影响。互联网发展本身带有共享、共治、互惠、团结的基因。完善全球互联网治理体系，维护网络空间秩序，必须坚持同舟共济、互信互利的理念，摒弃零和博弈、赢者通吃的旧观念。各国应该共同构建网络空间命运共同体，推动网络空间互联互通、共享共治，为开创人类发展更加美好的未来助力。

互联网不仅改变了人原有的空间感知格局，还建构了新的虚拟空间，带来世界观的信息化——把物质世界当成信息处理的机器、寻找感官体验背后的信息运算的法则、认为世界应该用数学甚至计算机语言加以描述[①]。信息是互联网技术的关键要素。在信息处理、存储、通信技术的作用下，世间万物被转化为“信息”形式得以在互联网上展示、保存、流通。信息以通信信号、表达符号、价值符号等多维样态成为互联网上的资源流通介质。一时间，海量信息涌入互联网，带来严重的信息泛滥。人们起初的信息获取需求进阶为信息筛选需求，希望借助技术的力量，筛选得到更有价值、更有意义、更满足个性化需求的信息。以大数据、算法为技术基础的智能化技术应运而生，其核心在于通过优化信息处理技术能力，将数据转化为智慧，将信息转化为知识，提升信息服务与个性化需求的匹配度。互联网在其中发挥着供需对接、信息中枢等基础性作用。

随着互联网深入社会生活的方方面面，人们把世界想象成信息构成的网络。信息化的世界观得到了越来越多人的认同，而且，由于越来越多的社会事实发生在计算机语言建构的虚拟空间中，信息化的世界观也成为某种自我实现的预言[②]，变得越来越符合实际情况。当虚拟空间越来越多地成为人生活的有机部分，塑造虚拟空间的一些价值观念就难免不对人产生影响，个人主义和自由主义是两个最典型的例子。有学者认为，虚拟空间的

---

① [荷]穆尔．赛博空间的奥德赛[M]．麦永雄，译．桂林：广西师范大学出版社，2007:105-107.

② MERTON R K. The self-fulfilling prophecy[J]. The antioch review, 1948, 8(2): 193-210.

生活更有利于个人主义的传播[①]。个人定制的服务、无处不在的网络链接，这些都使网络化的个人主义更受欢迎。人们不再受限于自己在现实世界所属的圈子、集体，而是作为独立自主的个体穿梭在网络的不同场域。互联网增强了个人自我表达的能力，有利于自由主义观念的生长。

（二）交互性：万众创新的多元价值

交互性是互联网最突出的技术特征。互联网打破了传统媒体时代单向的信息传输模式，通过拓展用户发声渠道和连接方式，在用户（包含个体、组织）间搭建起双向的信息交互网络，使得“人—人”“人—机”交互成为可能。交互性的背后蕴含的是互联网技术的核心价值——“网络效应”。互联网的技术效能有赖于用户参与，使用互联网的用户越多，互联网的价值越大。随着互联网用户基数的增加，越来越多的人意识到互联网的价值，在技术功能和社会规范的共同作用下，互联网已形成所谓的“规模效应”。互联网的快速普及并成为信息社会的主导技术，便是其“网络效应”积聚的体现。

互联网是一个开放的、互动的平台，它从技术层面保障了不同节点之间平等的参与性。作为信息工具的互联网，鼓励用户参与生产和传播内容；作为变革社会的力量，无论是分享经济、民主政治还是参与式文化无不体现着平等参与的要义；作为改造人类世界观和价值观的新的社会实践，互联网传递了平等、个性、自由等观念。在互联网提供的互动、参与的社会实践的基础上，互联网的大众性特征形成。互联网创造的价值来自普通大众的社会实践，在信息流动中，原有的精英阶层的把关、筛选、评价机制逐渐失效，来自草根的、民间的、非主流的思想元素有了充分的展示机会。因此，发展、治理互联网应秉持“以人为本”的原则，倾听每一位用户的

① WELLMAN B, QUAN-HAASE A, BOASE J, et al. The social affordances of the Internet for networked individualism[J]. Journal of computer-mediated communication, 2003, 8(3): JCMC834.

诉求，充分发挥普通用户的作用，切实保障人民的根本利益。

去中心化是互联网技术特性的又一重要表现。互联网最早用于军事，初衷是希望通过建立去中心化的信息系统，以分担集中式信息系统的安全风险。互联网的拓扑结构决定了在互联网上没有绝对的中心，每个端口、节点都可以发展出自己的中心结构，区块链技术的去中心化技术特性和设计初衷得到更显著的呈现。互联网的去中心化特征突出表现在，在互联网上，既有极少数信息得到广泛传播，也有无数多种多样的信息在小范围内传播，信息和其传播规模之间的关系呈现幂律分布[①]。这种信息分布特征意味着原来没有机会进入公众视野的信息有了展示和传播的机会，也意味着无差别的“受众”或者“大众”被分化为具有明显个体或者小群体特征的子群。即使抛开信息层面的讨论，互联网对社会结构乃至社会意识的影响也并非单一向度，如信息技术的发展与安全、保障自由与建构秩序、信息共享与隐私保护、资源汇聚与数字鸿沟、开放合作与自主可控等[②]都体现了互联网影响的双重甚至是多重面向。互联网上的声音不是单调的，而是争鸣的；互联网上的观念不是单一的，而是多元的、包容的。

然而，去中心化的背后隐藏着再中心化的风险。去中心化格局下强调人人自由、平等，但资本、知识、技术等资源并非均衡分配，这使得看似“平等”的节点中存在优势方（如平台）和劣势方（如普通用户）。优势方凭借其资源基础，将多种信息、服务聚集一身，成为拓扑结构中的重要节点，甚至发展成节点间的重要中介。在“网络效应”的作用下，平台不断建立信息服务优势以抬升用户迁移成本，消费者被捆绑在一个或有限几个大型平台上。平台由此发展出垄断性的市场优势，达成“赢者通吃”的局面。这种情况在网络国际竞争中同样存在，部分欧美发达国家企图依靠其在互联网上的技术优势和话语优势，向他国施加霸权，甚至干涉他国内政，严

① ALBERT R, JEONG H, BARABÁSI A L. Diameter of the world-wide web[J]. nature, 1999, 401(6749): 130-131.

② 谢新洲 . 网络强国战略思想的理论价值和时代贡献 [N]. 人民日报，2018-06-05(7).

重危害他国的网络空间安全，甚至国家安全，经由互联网煽动的“阿拉伯之春”“茉莉花革命”便是有力例证。习近平主席在第二届世界互联网大会开幕式上的讲话中深刻指出：维护网络安全不应有“双重标准”，“不能一个国家安全而其他国家不安全，一部分国家安全而另一部分国家不安全，更不能以牺牲别国安全谋求自身所谓绝对安全。”[①] 网络安全问题牵涉到多方主体，任何国家都不能独善其身，维护网络安全应成为国际社会的共同责任，而各国彼此尊重、求同存异是维护网络安全的基石。

（三）多媒体：超越现实的网络社会

互联网以其多媒体特性，极大拓展了内容的表现形式。互联网常常被视为现实生活的“镜像”，人们追求在网络世界重现现实，甚至再造现实，充斥着“虚拟人物”“虚拟事物”的网络游戏、网络文学以及网络视听作品（如动画）等相继出现。元宇宙的兴起是互联网拟像化特性的高阶产物，但这里的“模拟”已不再局限于形象再现、再造，而是行为乃至关系的再现、再造。随着网络信息海量激增、内容形态融合创新、移动终端广泛普及，多媒体内容逐渐突破了介质壁垒。在内容泛在的趋势下，网络社会成为一种源于现实而又超越现实、具有动态内生性的新型社会形态。在网络社会中，通过沉浸式的网络多媒体参与，用户的内容数据和行为数据被捕捉，从而建构出包括用户画像、行为习惯、利益诉求、社会关系等在内的立体式档案，使得信息内容传播和服务的精准性和有效性得到提升。互联网上的任何事物都可以被量化、标准化为“数据”，这从根本上变革了社会资源流通和价值转化的基本单位。

互联网由此形成了一种解构性力量。一方面，互联网在迭代式创新中不断突破着人类能力的边界和传统的生产生活方式。例如，大数据引入媒

① 习近平．弘扬传统友好，共谱合作新篇 [M]. 北京：人民出版社，2014:9.

体领域，算法新闻成为当前重要的新媒体产品，它改变了传统新闻行业的把关机制，解构了记者、编辑的权威性以及传统的新闻生产管理制度。互联网的解构力量对社会结构与制度层面的影响更加显而易见，政治、经济、社会、文化的形态发生了重大转变，产业界限、阶层关系、社会组织、文化类型、价值观念等越来越呈现出颠覆传统的趋势。[①]另一方面，这一解构性不断改写人们对世界的认知，也激励人们居安思危，不断进行创新和重构。例如，随着电子商务的蓬勃发展，零售业实体门店倍感危机；而同样随着电子商务发展建立起来的电子支付系统，则让中国快步迈向“无现金社会”。[②]互联网对社会生产生活、社会秩序等形成了颠覆性影响，这种影响不仅带来了人们从思维方式到行为模式的根本性变化，更是从源头上动摇了人们的存在方式。在互联网时代，数据和信息成为核心资源，生产方式向共享协作方向发展，生产关系从单一走向多元，社会组织从集中走向分散，人类交往范围得到极大拓展。

---

① 谢新洲．互联网思想的内涵与意义[J]. 北京大学学报（哲学社会科学版），2018,55(1):117-123,2.

② 谢新洲．互联网思想的内涵与意义[J]. 北京大学学报（哲学社会科学版），2018,55(1):117-123,2.

三、互联网时代的到来

互联网给人类社会带来深远的影响和变化。一方面，信息和数据成为有价值的重要资源，拓展了生产要素的内涵与边界，带来经济发展方式、内容生产方式、社会治理方式的革新。在新的生产关系和生产环境下，对于国家发展和国际竞争而言，综合国力的积累方式、呈现方式、作用方式也相应地有了新的路径和资源，使得全球发展格局与国际秩序面临新的挑战和冲击。作为底层技术的互联网技术成为国家发展和国际竞争的关键变量。另一方面，信息革命带来信息技术、基因技术、神经技术等一些颠覆性技术。这些技术的共同特征在于其可编辑性和重塑性——信息技术实现了逻辑可编辑，基因技术实现了生命可编辑，神经技术让心灵可编辑，由此一来，过去人类生存的社会和自然环境发生了“化学变化”，这是具有颠覆性的。网络强国的背景就是在自然可塑、社会可塑的环境下如何再塑国家竞争力。

（一）经济发展方式的转变

网信事业代表着新的生产力和新的发展方向。2016 年 4 月 19 日，在网络安全和信息化工作座谈会上，习近平总书记指出，从社会发展史看，人类经历了农业革命、工业革命，正在经历信息革命……而信息革命增强了人类脑力，带来生产力又一次质的飞跃……[①]

在生产要素上，伴随数字经济（互联网 +、电子商务）的发展和成熟，

① 习近平 . 在网络安全和信息化工作座谈会上的讲话（2016 年 4 月 19 日）// 习近平 . 论党的宣传思想工作 [M]. 北京：中央文献出版社 ,2020:191.

数据被正式列为我国五大生产要素之一，与土地、劳动力、资本、技术并列。通过汲取社会资源位置、存量、质量、价值等基础信息，数据流通能够带动社会资源高效流转，引导资源流向最需要的地方，起到优化资源配置的作用。同时，数据也可以体现用户的需求和反馈，使得实时监测产品市场效果成为可能，为产品创新、再生产提供依据。数据作为基本价值单位参与到市场化配置中，具备“孵化”“创新”“再生产”功能，成为推动经济社会高质量发展的新动能。

在生产关系上，随着社会生产力逐渐由人力向智力以及智能机器人转移，基于传统人类社会的生产关系也将相应地向“人—机”“人—数”乃至“机—机”“数—数”转移。数据的所有权将变得越发关键且充满争议，突出表现为商业平台无偿获取用户数据并经加工后挪为商用和用户保障自身数据安全及相关衍生权益之间的矛盾。同时，经营主体将趋于个体化和多元化。随着内容本身逐渐成为一种商品、内容付费意识和规范逐渐健全、内容与实体经济关联日趋紧密，每个用户都可以成为内容生产者和传播者，即每个用户都可以成为数字经济的参与者和获益者。

（二）内容生产方式的颠覆

以开放、互联为核心的互联网技术深刻改变了人类社会的内容生产方式。首先，网络的交互性解构了传统的单向传播格局，使“受众”成为更具主体意识的“用户”而贯穿于内容生产和传播的全过程。其次，内容生产的门槛在不断降低，内容的含义不再局限于“知识”“作品”，而指向更广泛意义上的“表达”。最后，内容表达方式持续创新，网络内容传播从早期以文字为主的信息获取发展为多媒体的信息服务。特别是网络技术的连接属性与我国紧密型的社会关系形态相契合，展现出向现实社会极强的嵌入性。内容的生产与传播从跨越地域、介质等物理边界到跨越场景、社群等社会边界，呈现出泛在化的发展趋向。[①]

在互联网的技术赋能下，用户兼具内容生产者、传播者、消费者等多重身份，从源头上释放了网络内容的多元性。在参与式文化的拓展下，用户可以便利地进行个性化表达。以往依附于组织单位的内容管理方式和文化娱乐方式被打破，人工智能、传感器、可穿戴设备等技术强化并拓展了个体的感知能力和方式。新媒体从“人的延伸”发展为“人的具身”。现实社会被建构成数字化形态，线上与线下的界限进一步弥合。互联网不再只是现实的“镜像”，人们开始追求在泛在化的内容生态中形塑个性化空间。“元宇宙”便在从内容多元向体验多元的发展趋势下成为社会热点。[②]

（三）社会治理方式的变革

以互联网为代表的新媒体揭示了数据的作用和潜力，特别是在平台化趋势下，数据成为重要的社会治理资源。数据的资源化转向首先体现在网络政务服务领域，从政府信息化到电子政务再到数字政府，互联网技术的快速革新不仅对政府的管理模式和社会治理方式提出了新要求，也通过内容多元化、关系网络化、组织平台化为创新治理与服务方式提供了必要的数据支撑。

互联网成为创新社会治理方式的“孵化器”。利用互联网的资源整合能力，借助用户调研及意见反馈，政府可以缓解垂直性层级结构的信息不对称，直面日益复杂的公共需求，引导资源向公共服务供给侧流动。扩充政府单一主体的有限资源容量，以资源协同带动创新协同，建立面向治理方式创新和服务孵化的长效机制，提升公共服务能力和效果。借鉴互联网思维，带动治理和改革思路革新，赋予地方基层创新活力，推动基层创新成果向全国扩散……互联网作为工具（技术）和环境推动治理能力向信息化、

① 习近平．弘扬传统友好，共谱合作新篇 [M]. 北京：人民出版社 ,2014:9.

② 谢新洲，石林．新媒体嵌入社会的现实与挑战 [J]. 中国网信，2022(1):40-43.

数字化转型升级。[①] 此外，还可以借助大数据技术，对基于互联网的社会治理创新予以效果追踪和评估，以保障社会治理创新的效率和效果。

互联网平台成为影响社会治理的关键变量。互联网平台从社会生活的“工具”发展为“环境”，栖身其中的社会行为主体受到平台技术、规则和话语体系的影响和制约，需要适时调整行为方式（如内容生产与传播、资源利用与价值变现等）以适应“环境”，这深刻影响了社会治理的逻辑与方式[②]。这种影响具有两面性：一方面，平台凭借技术优势，推动服务创新和功能优化，从公共服务、舆论引导、知识科普、应急管理等方面为社会治理提供了更多的可能性；另一方面，平台商业性和社会治理公共性之间的矛盾逐渐暴露出来，尤其在脸书（Facebook）涉嫌操纵 2020 年美国大选、2020 年美国大选期间特朗普与推特（Twitter）爆发激烈矛盾等事件后，平台参与公共事务的价值立场遭到质疑。

① 谢新洲，石林．国家治理现代化：互联网平台驱动下的新样态与关键问题 [J]. 新闻与写作，2021(4):5-12.

② 谢新洲，石林．嵌入基层治理：县级融媒体中心与基层网络政务服务的融合发展 [J]. 传媒，2021(8):31-34.

第二章 网 / 络 / 强 / 国

互联网嵌入社会

网络强国战略思想从生产力与生产关系、经济基础与上层建筑的矛盾运动规律出发，深刻阐明以互联网为代表的数字技术代表着新的生产力与发展方向。[①] 2014 年 2 月，习近平总书记在中央网络安全和信息化领导小组第一次会议上指出："当今世界，信息技术革命日新月异，对国际政治、经济、文化、社会、军事等领域发展产生了深刻影响。信息化和经济全球化相互促进，互联网已经融入社会生活方方面面，深刻改变了人们的生产和生活方式。我国正处在这个大潮之中，受到的影响越来越深。"[②] 互联网不仅作为一个外生变量嵌入社会系统，而且在发展过程中逐渐被社会建构。在相互作用下，网络日益成为信息传播的新渠道、生产生活的新空间、经济发展的新引擎、文化繁荣的新载体、社会治理的新平台、交流合作的新纽带、国家主权的新疆域，成为社会形态发展的重要内生力量。[③]

① 谢新洲．网络强国战略思想的理论价值和时代贡献 [N]. 人民日报，2018-06-05(7).

② 习近平．习近平谈治国理政：第 1 卷 [M]. 北京：外文出版社，2018:197.

③ 谢新洲．网络强国战略思想的理论价值和时代贡献 [N]. 人民日报，2018-06-05(7).

一、互联网与社会

互联网作为新的社会关系与社会功能的网络，通过关系的网络化、组织的扁平化、交往的中介化、数据的市场化、治理的协同化，嵌入人类社会的“复杂巨系统”之中，重构了传统社会秩序与运行逻辑，建立了网络社会新面貌，成为推动数字社会发展的重要内生力量。而数字社会建设步伐的加速，也推动了现代化发展进程的加速。

（一）重塑社会联结　释放数字社会新活力

新媒体环境下，信息传播技术迅速革新，特别是社交媒体的发展，解构了传统的社会关系，社会联结的建立、维系、终止呈现出新的特点。从早期的论坛、新闻组，到聊天室、即时通信群组，再到后来的社交媒体，网络社群经历了从信息取向到关系取向，再到旨趣取向的转变。互联网以不同的嵌入形态推动了这种转变的形成，数字技术已全面融入社会交往与社会联结中。

互联网编织的社会联结网络，提升了社会成员之间的沟通效率。人们保持联络越来越依赖于网络工具，WhatsApp、Messenger、Snapchat、WeChat（微信）等即时通信工具也在不断地推出更丰富的社交功能以满足人们多元化、个性化的社交需求。从文字聊天到图文、音视频聊天，从添加个人账号到“扫码”“面对面建群”，即时通信工具赋予人们在社会联结中更多的互动、动员、行动等可能性，极大提升了人们社会联结的效率和效果。需要注意的是，即时通信工具是相对封闭的社交场域，为网络社交提供了相对隐秘的空间，也为监管带来了难题。

社交媒体提升了网络社交的影响范围，形成了以“趣缘”为特点的圈层联结。移动互联网的发展以及社交媒体的出现，让人们的诉求表达、联系建立变得更加容易。以推特、微博、知乎、豆瓣为代表的社交媒体和网络社区，使得理论上全球范围兴趣相同的人有了聚集的平台与渠道，形成了各种各样的趣缘圈子，丰富了人们的人际关系与交流方式。自媒体的出现，给网络社群提供了多元的发声渠道和组织方式。网络社群成员不仅可以在平台分享自己的兴趣、观点，同时一些公益社会组织还可以利用网络平台实现线下的社会动员。互联网不仅丰富了人们的社会生活，满足了人们的数字生活和交往的需求，而且促进了有效的社会组织动员，提高了社会效益。

一方面，新社交场景的出现拓宽了人们的交际圈，促进了社会成员的交流，释放了巨大的社会活力。例如，网络交友平台为亲密关系的建立提供了更多可能性。随着人们生活节奏的加快，现实交友的时间、空间有限。网络交友平台的视频直播互动、红娘一线牵、互赠礼物等新颖玩法，提高了现代社会陌生人之间互动交流的可能性，使得婚恋或交友平台成为当代青年群体寻求合适恋人或结交新朋友的高效途径之一。另一方面，直播和短视频平台的社交场景和功能推动了准社会互动关系的建立和维护。平台提供了评论、弹幕、打赏、超话、签到、打榜等不同的功能和服务，促进了用户与名人、明星、博主、主播之间的准社会互动。这种社会联结与关系的重构形成了数字社会的新面貌，既增强了社会成员之间的沟通联结，丰富了社会阶层的维度，也有利于社会共识的形成，增强了信息化社会的发展活力。

（二）改变生活方式　加速社会现代化进程

互联网的发展已深深影响并改变着人们的日常生活。习近平总书记指出，“信息化和经济全球化相互促进，互联网已经融入社会生活方方面面，深刻改变了人们的生产和生活方式”[①]。在娱乐方面，互联网以多种形态嵌入人们的娱乐文化生活中，拓宽了人们的娱乐方式，丰富了人们的精神生活。随着信息技术的发展，互联网和移动互联网的普及，个人从工业社会集体化、家庭化的娱乐组织方式中抽离出来，以个体为单位进行个性化娱乐成为可能，娱乐文化活动的组织方式更丰富。多元化的网络应用场景，如以直播形式为主的“云综艺”“云春游”“云赏樱”“云蹦迪”“云健身”等新模式丰富了人们的娱乐生活。

互联网促进社会消费升级，人们的消费需求和消费方式发生了巨大改变。在互联网等技术的大力推动下，消费结构与产业结构发生调整，用户消费升级，其消费观念、消费内容、消费模式、消费心理等均发生变化。从消费内容来看，消费者正从商品消费向服务消费转变，主要的表现形式是科教、娱乐、精神文化类的消费比例增加；从消费结构来看，正从生存型消费转向发展型消费；消费方式呈现出个性化、智能化态势。随着新媒体对社会嵌入的不断加深，数字技术为网络消费升级带来了新场景、新模式、新业态。网民的网络消费规模不断扩大，以直播带货与内容付费形式最为突出。消费者不仅重视商品品质，而且更加关注购买商品带来的愉快体验[②]。

互联网拓展了人们生活、学习、工作的空间和方式，数字社会的崛起加速了社会的现代化进程。随着全球化、信息化的发展，互联网的普及率逐渐提高。截至 2021 年底，全球上网人口达到 49 亿，占全球人口的 63%。[③] 全球新冠疫情发生以来，众多基于线下的行业发展受挫，但是诸如

① 习近平 . 努力把我国建设成为网络强国（2014 年 2 月 27 日）// 中共中央党史和文献研究院，中国外文局编 . 习近平谈治国理政（第一卷）[M]. 北京：外文出版社 ,2018:197.

② 任保平，杜宇翔，裴昂 . 数字经济背景下中国消费新变化：态势、特征及路径 [J]. 消费经济，2022,38(1):3-10.

③ 唐维红，唐胜宏，刘志华 . 中国移动互联网发展报告（2022）[M]. 北京：社会科学文献出版社，2022.

外卖（生鲜）配送、移动支付、在线医疗、远程办公、在线教育、在线招聘等在线服务迅速发展，保证了人们生活、学习、工作的基本需求，保障了社会平稳运行。疫情期间，为避免疫情扩散，“无接触”式的网络生活服务激增。外卖配送行业用户基础稳固，用户需求旺盛。疫情影响下堂食就餐大大缩减，更多转移到线上外卖、生鲜配送。在线教育行业获得高速增长，网络直播课、网络自习室等形式丰富了学生获取知识的途径和形式。在工作方面，在线会议、即时通信、协同编辑文档等应用程序的优化迭代，可以实现居家办公、就职面试等。在就医方面，互联网加快了就医流程的电子化、就医方式的数字化，人们可以在网上完成挂号、缴费等手续，有效减少了排队交叉感染等问题；同时人们可以通过在线医疗的各种应用程序实现网络问诊，一些患者可以不必跨地域就医，通过网络问诊获得全国顶尖医疗团队的诊治方案。在线医疗可以有效缓解目前医疗资源紧张、分配不均等情况，促进社会医疗资源的普惠，以数字化方式解决社会资源分配不均等问题。

二、互联网与社会治理

网络赋权的同时，网络意识形态斗争、平台资本主义、信息茧房、数字鸿沟、内容监管等问题也随之浮出水面。“阿拉伯之春”、伦敦骚乱、“棱镜门”等事件无不彰显着互联网给国家与社会治理带来的问题和挑战。然而，互联网虽然使得社会治理面临着更为复杂的环境，但与此同时，也为优化社会治理、提高治理效能提供了理念与方法。

针对互联网的去中心化特点，社会治理产生了多元协同的治理模式。面对社会治理的新形势，我国必须提高网络综合治理能力，形成党委领导、政府管理、企业履责、社会监督、网民自律等多主体参与，经济、法律、技术等多种手段结合的综合治理格局。多元主体协同治理成为当前网络生态治理乃至社会治理现代化的主流趋势。多元主体协同治理指向多元主体之间的谈判式合作以及协商式安排①，其权力向度是多元、相互的②。互联网技术的扩散让网络内容融入经济社会发展的多种业态、多方主体、多元场景，去中心化的发展趋向让传统的中心化治理策略收效甚微，由此唤起监管者对于协同治理体系的探索。

调动多元主体参与、助推数字治理，成为提升社会治理效能的强有力手段。在我国，社会治理的主体层面旨在形成政府、企业、行业协会、社会、网民等多方联动的治理格局③。这种主体协同机制有利于促进资源流动，

---

① 戈丹．何谓治理 [M]. 钟振宇，译．北京：社会科学文献出版社，2010.

② 俞可平．治理和善治：一种新的政治分析框架 [J]. 南京社会科学，2001(9): 40-44.

③ 谢新洲，石林．基于互联网技术的网络内容治理发展逻辑探究 [J]. 北京大学学报（哲学社会科学版），2020,57(4): 127-138.

整合资源优势，解决政府主体的治理资源匮乏困境，改善“政出多门”“九龙治水”的格局，形成治理合力；有利于调和不同主体利益，明确“政府主导”，消解部门（组织）间及其内部的潜在利益矛盾，探索动态平衡的治理机制；有利于解决责任认定的难题，根据政府、传统媒体、企业、网民、社会组织等主体的治理能力，为其提供资源流动、对话协商、权责确认的结构化途径，解决单个部门或组织不能解决的问题，提高治理效率①。国外也认可并重视主体协同的作用，欧洲学者认为公共价值的实现不能依靠某个中心行动者承担责任，而是在政府的主持和监管下，政府、平台、用户和公民组织等多主体动态互动的结果。②

互联网平台的组织形式也为社会治理提供了新的治理工具和创新机制。在经济学中，平台是平衡多方需求的“多边市场”。互联网平台在互联互通、优化资源配置等方面的优势，成为多元主体协同治理的基础设施和组织保障。基于平台的组织形式，建立多个主体间的联动和互信机制，以多部门联动的方式拓展治理覆盖面，增强治理的专业性。对 Facebook，Twitter 和 YouTube（油管）等巨头型企业的研究表明，平台的内容审查系统以政府和法律的要求为遵循，出于履行企业社会责任和创造吸引用户的平台环境的盈利目的来管理用户内容。大型跨国平台发展出了精细的、不断更新的内容审核和调适系统，采取事前、事中、事后相结合，算法审核和人工审核并行的手段，能在全球范围内自由裁决各种言论主张。此外，平台化的组织形式还有助于建立应对社会治理突发问题的应急机制和快速反应机制，通过减少现有行政体系中的层级结构，以提升突发事件的处理效率，缩短处理时间，促进多元主体间的互信③，及时消解负面影响，安抚公众情绪，

---

① 谢新洲，宋琢．构建网络内容治理主体协同机制的作用与优化路径 [J]. 新闻与写作，2021(1): 71-81.

② HELBERGER N, PIERSON J, POELL T. Governing online platforms: From contested to cooperative responsibility[J]. The information society, 2018, 34(1): 1-14.

③ 陈氚．构建创新型网络社会治理体系——以网络社群治理为分析对象 [J]. 中国特色社会主义研究，2017(6): 86-91.

避免舆情二次发酵。同时，通过大数据平台的利用，能够有效提高对风险因素感知、预测和防范的能力。互联网促进了多元主体的协同参与，加快了公共服务数据的互联互通，形成了强大的治理合力。

三、互联网与经济

习近平总书记在网络安全和信息化工作座谈会上强调指出，我国经济发展进入新常态，新常态要有新动力，互联网在这方面可以大有作为。数字技术对经济的发展有放大、叠加、倍增作用。[①] 以互联网为代表的信息技术发展与创新，广泛深入地渗透到我国经济各领域，促进技术创新和产业变革，推动经济社会的高质量发展。传统企业利用互联网实现信息化，改变业务增长模式与经营方式；互联网逐渐渗透到消费、流通、生产等经济各环节，优化生产流程与管理，有效提高了生产效率；互联网与传统产业的深度融合，推动产业转型升级，实现虚拟经济与实体经济的有效嫁接，转变经济发展方式，形成数字经济新模式。可见，数字经济已然是新时代引领经济持续增长的新动力。

（一）数字经济：数字技术提速经济发展

信息技术是率先渗透到经济社会生活各领域的先导技术，促进了经济发展模式的转变。当前，世界正在进入以信息产业为主导的新经济发展时期。在全球信息化浪潮中，我国抓住了互联网发展带来的历史机遇，利用数字化技术加速转变经济发展方式，提升经济发展速度，我国的综合国力和国际竞争力极大提高。

信息化与数字化在促进经济高水平发展中发挥了重要作用。

① 习近平．在网络安全和信息化工作座谈会上的讲话（2016 年 4 月 19 日）// 习近平．论党的宣传思想工作 [M]. 北京：中央文献出版社 ,2020:192.

第一阶段，传统企业利用互联网发布、获取商贸信息，拓展营销渠道，促进品牌宣传与推广。互联网超越时空限制、传播范围广、交互性强等特点，在产品服务、价格竞争、分销渠道、促销策略等方面发挥了重要作用。互联网的商业化应用改变了传统的营销模式，拓展了企业的营销渠道。

第二阶段，电子商务平台的快速发展，改变了传统业务增长方式与企业经营模式，对流通领域产生深刻影响。电子数据交换（EDI）应用范围的扩大以及电子交易与支付手段的日益成熟，为电子商务提供了技术支撑。而多元化电商平台的出现和发展，从商品流、物流和信息流三个方面重构流通领域，改变传统业务模式，促进产销一体化发展，加快流通组织结构变革，扩大商品流通范围，提高市场流通效率，引发“新零售”业态形成。

第三阶段，互联网技术在经济领域的持续渗透，改变了居民消费方式，网络消费快速增长，网络内容产业快速发展。从消费内容来看，网络消费内容不断丰富，网络内容产品生动多样，网络内容消费迅速增长。网络视频、网络直播、网络娱乐、网络游戏、网络音乐以及在线教育等在内的网络内容产业得到快速发展，成为新的经济增长点。

第四阶段，互联网对经济的影响从消费领域向生产领域过渡，构建了以数据为关键要素的数字经济。2015 年，我国“互联网 +”行动计划上升为国家战略，互联网与经济生产及社会生活各个领域深度融合。一方面，以互联网为代表的信息技术不断深化新媒体与传统媒体融合发展，率先实现了对新闻信息生产的再造。德国在实现“工业 4.0”战略进程中，充分注重技术便捷的延伸和集成、渠道与供应链的强化、要素保障优先实施三个层面协同推进。① 美国则将互联网和新媒体运用于制造业、管理产业、产业数字化及流通等领域，如运用现代化和智慧化设备取代人力进行生产，计算机和智能系统取代人脑进行管理等。另一方面，现代经济的建设离不开大数据的发展和应用，信息技术与生产制造业结合，“数据”作为生产要素

① 黄顺魁 . 制造业转型升级 : 德国“工业 4.0”的启示 [J]. 学习与实践 ,2015(01):44-51.

参与分配。习近平总书记提出："……以数据为纽带促进产学研深度融合，形成数据驱动创新体系和发展模式，培育造就一批大数据领军企业……"①

第五阶段，互联网与传统产业的深度融合，加速产业转型升级，实现虚拟经济与实体经济的有效嫁接。一方面，传统产业利用互联网技术和平台进行自我变革，互联网重塑生产、流通、消费过程，优化流程，改变经营管理模式，有效提高生产效率。另一方面，互联网逐渐从第三产业向第一、第二产业渗透，利用平台优势，实现不同领域资源的互联互通与跨界整合，调整经济发展结构。

互联网基础设施的建设，为加快传统产业的数字化、智能化，做大做强数字经济提供了基础。互联网与实体经济深度融合，通过信息流带动了技术流、资金流、人才流、物资流，促进资源配置优化，促进全要素生产率的提升，为推动创新发展、转变经济发展方式、调整经济结构发挥了积极作用。

（二）平台经济：稳增长、促就业、推动数字化转型

平台是数字经济的重要基础，平台经济是数字经济的重要内容。平台经济打破了工业经济范式，为稳定经济增长提供了多元化的业态和模式。一方面，传统经济学中由卖方向买方提供商品以获取利润的商业模式，转为以"平台"为核心，通过实现两种或多种类型顾客之间的接触来获取利润。随着平台化的发展以及消费需求的多元化，网络社交媒体平台、网络视频平台、网络游戏平台等各种各样的网络内容平台逐渐出现，新的经济业态围绕这些平台被构筑起来。另一方面，就是"互联网 +"的形式。例如，电子商务平台，该类型的平台将过去买卖双方之间各种经济活动进行信息化和数字化转型，后来发展到将各相关行业用户需求进行重新整合，通过

① 审时度势精心谋划超前布局力争主动　实施国家大数据战略加快建设数字中国 [N] 人民日报，2017-12-10(1).

电子商务平台聚集成新的产业环境，在更为广泛的范围内进行资源的优化配置。

平台经济在帮助中小微企业创新和发展，以及促进就业方面发挥重要作用。平台企业不仅仅是企业，它以平台的形式，提供信息内容、支付结算、信用评价、技术手段等一系列基础设施服务，支持数百万微小企业以及内容创业者，成为连接商户、劳动者以及消费者的重要桥梁。例如，外卖平台为中小微的餐饮商家提供了订餐、配送、支付结算等服务，为商户引入用户流量，扩大餐饮商户的辐射范围，打破了实体店客流量的限制，扩大营收。同时外卖平台也催生了外卖骑手这样的新职业，促进了社会就业。平台经济逐渐成为民营经济的重要组成部分，政府屡次强调平台经济的可持续健康发展。

平台经济在构筑国家新优势方面有重要作用。围绕电商平台、社交平台、在线教育、在线办公以及在线医疗平台产生的经济模式和新业态，为经济发展发挥了重要作用。线上平台经济与线下实体经济的融合发展，也将塑造经济发展新的竞争优势。

四、互联网与文化

党的十九届五中全会明确提出了2035年建成文化强国的远景目标，社会主义文化的繁荣发展，也是社会主义现代化建设的重要前提。互联网的开放性、交互性以及多元化，为不同群体提供了对话的平台，各种话语、力量相互交织，共同构筑了一幅多元化的文化图景。互联网在促进文化的多样性与传播方式方面发挥了积极作用。

（一）互联网促进多元文化共生

互联网为各种亚文化的发展提供的土壤和空间，使社会的多元价值体系更充分发展。网络亚文化群体的发展反映出边缘群体试图拓展主流社会结构，网络亚文化以消费主义和身份认同相结合的形式潜移默化地嵌入网民的价值观体系中，成为多元社会价值观的一部分。总体来说，网络亚文化群体的主要诉求是获得身份认同，发泄无处宣泄的情绪，进行一些想象中的反叛和抵抗。比如打榜氪金的饭圈文化，在粉丝群体尤其是未成年群体中宣扬过度消费的观念，依靠非理性大量购买偶像的作品和代言产品，或者以“应援”为目的的“集资”来建构群体认同感和归属感。年轻人的“躺平”文化则是弱势青年宣泄危机感、焦虑感，表达对阶层跃迁不畅、“内卷”化社会的软性抵抗的一种手段。

总体来看，互联网为广泛多样的非主流身份的个体增加了表达渠道，拓宽了交流实践的可能性，构建了多元互动的现代传播形态。网络亚文化不再以地缘为基础，强调用户同在而非身体同在，互动和聚合的功能为群体成员开辟了虚拟的集聚空间。

互联网为各种文化主体提供了多元化的表达方式。网络流行语、表情包等现象成为网络文化中的一道独特景观，反映了多元文化之间的交锋与社会心理的表达。网民熟知各类网络流行语，尤其是表情包。人们也利用这些新的文化符号来表达爱国热情。新媒体技术为线上线下联动提供了便捷条件，线上的话语实践可能向线下集体活动转化，线下活动可以作为网络亚文化的辅助仪式。网络亚文化的多元化、流动性和开放性对主流文化和价值观的影响愈发深远。

（二）网络文化与传统文化融合

互联网为文化活动的开展提供了更多表现形式，激发了文化“双创”活力，促进文化产业体系的现代化发展。互联网的诞生和发展鼓励了创新、颠覆、协作、反思等社会思潮，为网络文化的发展奠定了思想基础。互联网去中心化、交互、多媒体、数字化等技术特点也为文化经济模式提供了更多可能性。网络空间成为文化创新和文化创业的重要领域。网络影视剧、网络综艺、网络游戏、网络文学等网络文化产业领域围绕着网络传播特征与用户的消费偏好，形成了新的生产方式与呈现形式。例如，某平台为了提高对用户的吸引力，改变了影视剧的生产方式，通过网络平台收集网民对剧情、导演、男女主角的意见，再进行剧本的编写以及制作团队的搭建。同时，优质文化 IP 为数字文化产业的革新提供了重要抓手。粉丝文化、网红文化、二次元等网络亚文化也催生了不同的文化运营模式，如社群运营、MCN 模式、内容付费等。互联网的交互性、参与感，加速了粉丝文化的发展。数字原住民与数字移民结合各自群体的社会经济文化背景，形成了多样的粉丝文化。同时，数字化推动着现代文化产业体系的建设和发展，文化产业与新一代技术相融合，创新了数字文化产品内容和服务[①]。

网络文化与传统文化相互融合，成为社会文化的重要组成部分。互联网与经济生产和社会生活深度融合，网络文化成为社会文化在网络空间的投射和延伸，是信息技术环境下对传统文化的发展。网络视频、网络音乐、短视频、网络漫画、表情包、网络流行语等多样态的网络文化产品不但反映现实社会，而且反作用于现实社会[②]。网络文化与传统文化不是此消彼长的关系，而是相互碰撞、融合。例如，在我国网络文化的早期发展阶段，多以“恶搞文化”“山寨文化”等形式出现，是对精英文化或主流文化的娱乐化的解构。网络文化逐渐走向成熟后，人们对网络文化的认知和态度也有所变化。很多传统文化在互联网上有了新形式，如抢红包、集“福”等，而这些新形式增加了传统文化的趣味性，使传统文化焕发新的活力。网络上的文化氛围也反映了当前社会上的主流文化价值取向，图书馆、博物馆等文化资源的数字化、网络化，以及文化消费场景的创新与发展，提高了公共文化服务水平，营造了数字文化的新气象。

① 庄荣文.加强数字中国建设整体布局 全面赋能新时代高质量发展 [J]. 中国网信，2022(2).

② 彭兰.“双刃剑”的网络文化走向成熟的三个转变 [N] 人民日报，2017-09-10.

五、互联网文明

党的十八大以来，习近平总书记高度重视网络文明建设，在党的二十大报告中，更是强调要“提高全社会文明程度”“增强中华文明传播力影响力”“深化文明交流互鉴”[①]。而网络文明是新形势下社会文明的重要内容，是建设网络强国的重要领域。不同于网络文化，网络文明概念涵盖的范围、内涵以及性质都有所不同。网络文明从广义上来讲，指的是人类通过互联网等信息技术改造世界的物质和精神成果的总和，反映了人类进入网络社会后在物质生产、交往实践和精神文化生活领域所取得的进步和积极成果。狭义的网络文明指的是网络社会中人们在精神方面活动的积极成果。[②]互联网技术通过变革生产方式实现了对网络生态的形塑，促进了人类新的文明形态的诞生。而各国的网络文明最终将在全球化浪潮以及互联网互联互通的特点之下，相互交流融合，形成具有划时代意义的文明。只有不断加强网络文明建设，才能促进网络空间清朗，夯实强国之路。

（一）互联网构筑网络文明基础环境

互联网带来技术范式的变革，形成新的生产力，为网络文明的兴起提供了坚实的物质基础。一方面，互联网的开放性、交互性以及去中心化的技术特点，使其作为改造社会和实现个体赋能的技术手段，成为新的生产

① 习近平．高举中国特色社会主义伟大旗帜为全面建设社会主义现代化国家而团结奋斗——在中国共产党第二十次全国代表大会上的报告 [EB/OL]. 中国政府网 ,(2022-10-25)[2023-02-01].http://www.gov.cn/xinwen/2022-10/25/content_5721685.htm.

② 张瑜，闫聚群．“网络文明”的概念辨析 [J]. 青海社会科学，2014(6):154-159.

工具，推动重大创新，激发生产力，引发了技术—经济范式变革；另一方面，互联网扩大了信息的存储规模和传播范围，改变了内容的呈现形式与生产方式，构筑了网络传播格局，改变了个体思想的交流方式，点燃了网络文明的火种。

互联网推动生产方式转变，加速产业升级与数字经济的高质量发展，为网络文明的形成提供了雄厚的经济基础。互联网作为信息发布、交互、交易与服务的平台，推动了新的生产方式和生产关系的产生。马克思在《资本论》中指出，“各种经济时代的区别，不在于生产什么，而在于怎样生产，用什么劳动资料生产”，可以说，生产方式和经济制度的变化，是马克思划分时代的基本标准①。互联网以平台优势，改变了原有的资源配置方式和产业发展模式，推动传统产业向信息化、数字化、智能化转型升级；数据作为新的生产要素，参与生产、流通、分配与消费各环节，产生了经济新模式、新业态；数字经济与实体经济实现有效嫁接，推动经济高速发展，成为文明发展的强劲动力；数字经济促进新型产业的出现和传统产业的转型，助力高质量、可持续发展，为人类文明新形态衍生与发展创造条件。

互联网重构社会关系与网络，促进社会新秩序的建立，构筑网络社会新形态，为网络文明的发展提供了广泛的社会基础。互联网打破时空的桎梏，拓宽人们的互动方式与交往范围，促进以“趣缘”为代表的网络社会关系形成。例如，人们基于共同的兴趣爱好，在线上可以通过互联互通的形式聚集在一起，分享和讨论他们感兴趣的共同话题或社会实践。网络论坛、博客、社交媒体、流媒体、短视频等社会化媒体平台提供多元化的功能与服务，改变了传统的社会联结方式，丰富了社会组织与动员形式。人们可以通过社交媒体平台上的 # 共同话题 #、小组讨论、投票等形式就特定活动或话题展开互动。根据 2021 年 7 月联合国教科文组织的全球调查显示，新冠疫情已影响到全球 2.2 亿多学生。而在线教育的大范围应用和升级为解

---

① 赵明义．马克思主义时代观和当前我们所处何时代问题研究 [J]. 中共石家庄市委党校学报，2009(2):17-22.

决这一挑战提供了机遇。互联网向社会各子系统全面嵌入，网络社会的崛起加速了网络文明的发展进程。

（二）互联网涵养网络文明内生源泉

互联网汇聚思想，孕育新的文化形态，促进多元文化共生，为网络文明的兴盛提供了有力的文化支撑。互联网促进了不同群体、文化的思想汇聚，这种思想和信息的聚合颠覆传统时代思想话语建构的方式。互联网为文化活动的开展提供了多样化的表现形式，网络游戏、网络文学、网络视频等网络文娱活动满足了人们的精神文化需求；互联网为不同群体提供了对话的平台，各种话语、力量相互交织，构筑了多元化的文化景观；网络亚文化与主流文化在交融与碰撞中共生发展，为网络文明的兴盛厚植文化底蕴。

网络空间与现实社会相互融合，生成了复杂的网络生态系统，推动人类走向新的文明纪元。网络空间一方面是现实社会空间在互联网领域的延伸，反映现实社会的价值取向和秩序；另一方面也改变着传统的生存样态与社会形态，在技术、制度、权力、文化等多元力量的推动下，形成网络生态结构，良好的网络生态环境也标志着网络文明走向成熟。互联网从一个外生变量转变为社会发展的重要内生动力。信息技术革命的创新成果通过各种形式嵌入社会各子系统中，与传统的社会秩序、政治体制、经济模式、文化样态相互碰撞、融合、发展，形成了新的社会文明形态。

互联网与现实社会融合发展，促进了世界各国不同网络文明的产生，只有维护网络文明的多样性才有彼此交流、学习以及相互借鉴的价值。不同文明之间需要相互交流、彼此对话，从沟通碰撞中加深对本国网络文明特色以及其他文明差异性的认知，从相互鉴赏中学习他国文明之长，并从相互尊重与学习中，找到解决争端的平衡之法。

第三章 网／络／强／国

互联网国际竞争

互联网的技术创新与其引发的产业革命对世界产生了巨大影响。互联网成为世界各国竞争博弈的重要领域。各国重视互联网发展与治理，积极推进数字经济，争夺网络空间资源，构建数字治理体系，互联网国际竞争格局逐渐形成。具体而言，当今互联网的国际竞争主要体现在网络主权、互联网技术、互联网产业、国际话语权等方面。网络强国战略的提出与部署，正是对互联网国际竞争形势的积极应对，在维护本国安全与利益的基础上，协调好本国与其他竞争主体之间的利益需求与价值取向，增强自身竞争优势，提升国际话语权，参与并推进网络空间的全球治理。

一、网络主权维护：基础安全层面

信息时代，网络空间与人类现实活动空间高度融合，成为现代国家的新前沿和全球治理的新领域。维护各国在网络空间的主权尤为重要，这也是互联网国际竞争中最基础的安全保障。

（一）国际竞争中的网络主权

《联合国宪章》确立的主权平等原则，是当代国际关系的基本准则，同样适用于网络空间。以主权平等为基础，各国在开展网络空间活动、维护网络空间秩序中应始终坚守相关基本原则与共识。在具体实践中，网络主权的保障行为主要体现为构建战略体系、实施法律活动以及参与国际协作。尽管国际竞争每时每刻都在发生，但在网络主权方面，国际社会应以维护人类共同福祉为基础，促进并实现公平公正、平等协商的网络主权。中国针对网络主权的主张，一方面是为了维护本国网络安全与互联网的有序发展繁荣，另一方面则从网络空间全球治理的角度，维护广大发展中国家的安全、发展和利益。

伴随着互联网场域的形成与丰富，网络空间逐步发展而成为国家的“第五疆域”①，与陆、海、空、天四维并列。由此，网络主权的重要性日益凸显。目前，各国对网络主权的内涵及基本原则已具备一定的共识，学界对其也形成若干分析。网络主权的定义不难理解，简单地讲，网络主权是传统主

① 徐铁光. 基于网络主权的网络空间命运共同体研究综述 [J]. 绍兴文理学院学报（人文社会科学），2020，40(1):86-90.

权在网络空间的延伸与投射，是一个国家自主进行互联网内部治理与独立开展互联网国际合作的资格和能力。[①]2013年6月，联合国大会决议提出“国家主权和源自主权的国际规范和原则适用于一国家进行的信息通信技术活动，以及国家在其领土内对信息通信技术基础设施的管辖权”，即指代网络主权。

网络主权经历了从相对开放、自由到国家主权治理渗透加深的过程。基于《联合国宪章》确立的国家主权平等原则，网络主权的管辖范围为国家境内支撑网络的物理基础设施及由此形成的空间，核心便是各国自主选择网络发展道路、网络管理模式、互联网公共政策、平等参与国际网络空间治理。[②]从权利维度看，网络主权具体体现在独立权、平等权、管辖权和防卫权；从义务维度看，网络主权具体体现在不侵犯他国、不干涉他国内政、审慎预防义务和保障义务。

（二）国际网络主权争夺态势及我国实践

网络主权广泛存在于国际社会实践中。合法合理行使网络主权是所有国家平等参与网络空间全球治理的基础，在平等、公正、合作、和平、法治的基本原则和共识框架下，各国通过构建战略体系、实施法律活动以及参与国际协作行使并保障网络主权。

在战略体系层面，鉴于网络主权的重要性，各国尤其是主要网络大国，已纷纷开始将保障网络主权上升为国家战略。世界各国逐渐搭建战略体系，从而全方位维护网络主权及相关利益。比如，美国自20世纪80年代开始关注网络安全战略，不断完善至今，并形成了对内基础建设性战略模块、对内协调防御性战略模块、对外进攻性战略模块、对外防御性战略模

① 支振锋.“网络主权”的国际背景与现实意义[J].紫光阁，2016(2):84-85.
② 支振锋.“网络主权”的国际背景与现实意义[J].紫光阁，2016(2):84-85.

块。[①] 英国以维护国家安全为出发点，2009 年出台首个国家网络安全战略，而后数年间不断更新网络战略方案，并专门成立了网络安全办公室和网络安全运行中心。2011 年，德国出台网络安全战略，将关键基础设施保护视为国家安全的核心。

网络空间命运共同体是中国基于网络主权提出参与网络空间全球治理的战略部署与方案路径。2015 年，习近平主席在第二届世界互联网大会开幕式上明确提出："网络空间是人类共同的活动空间，网络空间前途命运应由世界各国共同掌握。各国应该加强沟通、扩大共识、深化合作，共同构建网络空间命运共同体 。"[②] 2016 年,《国家网络空间安全战略》提出：网络空间命运共同体的核心是合作共赢。[③] 2017 年,《网络空间国际合作战略》提出：以主权平等为基础，各国合作进行全球互联网治理，责任共担，利益共享。[④] 2017 年底，习近平主席在致第四届世界互联网大会的贺信中再次指出："全球互联网治理体系变革进入关键时期，构建网络空间命运共同体日益成为国际社会的广泛共识。"[⑤] 网络空间命运共同体的提出完全符合网络主权的基本原则，强调以人为本、辩证统一、公平正义、合作共享的治理理念，已得到国际社会的广泛重视和普遍认同。

在法律活动层面，世界各国通过立法、行政、司法等法律实践活动行使并保障网络主权。首先，在保护数据主权方面。2018 年，欧盟发布《通用数据保护条例》(GDPR)，旨在将个人数据的控制权由私营数据控制者转还于数据主体，对个人数据的跨境流动予以严格管制。该保护条例尽管是

---

① 冉从敬，何梦婷，宋凯．美国网络主权战略体系及实施范式研究 [J]. 情报杂志，2021，40(2):95-101.

② 习近平．在第二届世界互联网大会开幕式上的讲话（2015 年 12 月 16 日）// 习近平．论党的宣传思想工作 [M]. 北京：中央文献出版社 ,2020:171.

③ 国家互联网信息办公室．《国家网络空间安全战略》全文 [EB/OL]. 中国网信网 ,(2016-12-27)[2023-01-29].http://www.cac.gov.cn/2016-12/27/c_1120195926.htm.

④ 国家互联网信息办公室．《国家网络空间安全战略》全文 [EB/OL]. 中国网信网 ,(2016-12-27)[2023-01-29].http://www.cac.gov.cn/2016-12/27/c_1120195926.htm.

⑤ 魏董华．"推动世界各国共同搭乘互联网和数字经济发展的快车"——外国嘉宾高度评价习近平主席致第四届世界互联网大会的贺信 [EB/OL]. 新华网 ,(2017-12-04)[2023-01-29].http://www.xinhuanet.com//politics/2017-12/04/c_1122051074.htm.

一种弱主权模式的体现，但在保护个人数据的同时，也宣誓了欧盟的数据主权。[①] 而后，2020 年 2 月，欧盟发布《欧洲数据战略》，同年 11 月，欧盟通过《欧洲数据治理条例提案》，则更加强调其对数据的控制管理权。[②] 中国在数据主权方面也实施了诸多法律活动：2016 年，出台《中华人民共和国网络安全法》，一方面，“鼓励开发网络数据安全保护和利用技术，促进公共数据资源开放”；另一方面，明确规定“任何个人和组织不得从事非法侵入他人网络、干扰他人网络正常功能、窃取网络数据等危害网络安全的活动，不得提供专门用于从事侵入网络、干扰网络正常功能及防护措施、窃取网络数据等危害网络安全活动的程序、工具”。2021 年，出台《中华人民共和国数据安全法》，更加细致地规范数据处理活动、保障数据安全，建立数据分类分级保护制度，并推出“属地主义 + 保护主义”的管辖模式，同年还出台《中华人民共和国个人信息保护法》，规范使用数据主体的个人信息。其次，在保护技术主权方面。2018 年，美国通过《云法案》，规定美国云计算服务提供商必须在美国政府要求时，提供存放在美国本土乃至海外服务器的相关数据。但这一法案引发欧盟对数据安全的关注，也促使推动了“欧洲云”Gaia-X 项目的开发，项目目的在于确立欧洲国家的技术主权，摆脱对美国技术的依赖。2021 年，欧盟公布《欧洲芯片法案》，为欧盟建设“芯片生态系统”提供官方支持，以明确芯片制造的技术主权，应对不断加剧的全球半导体竞争。2022 年 4 月，俄罗斯总统普京签署命令，成立跨部门委员会以保障国家在关键信息基础设施发展领域的技术主权，该委员会隶属俄联邦安全会议。

在国际协作层面，网络主权的维护与实践离不开全球范围内的国际协作。首先，联合国作为由主权国家组成的政府间国际组织，在网络主权的国际协作间发挥着一定的协调与推动作用。2003 年，联合国信息社会世界

---

① 史靖洪．适应数字时代需求 欧盟《通用数据保护条例》正式生效 [EB/OL]. 国际在线百家号，(2018-05-26)[2023-01-29]. https://baijiahao.baidu.com/s?id=1601489150449211997&wfr=spider&for=pc.

② 钱忆亲.2020 年下半年网络空间“主权问题”争议、演变与未来 [J]. 中国信息安全，2020(12):85-89.

高峰会议《原则宣言》指出，“与互联网有关的公共政策问题的决策权是各国的主权”；2013 年，联合国信息安全政府专家组通过关于国际法适用于网络空间的报告，成为国际法向网络空间法治过渡的里程碑事件。① 2015 年，联合国第七十届大会通过《关于从国际安全的角度看信息和电信领域的发展政府专家组的报告》，强调了《联合国宪章》和主权原则适用于网络空间的重要性，也明确了各国在网络空间中的活动应受到一定程度的约束。其次，也存在如国际互联网协会（ISOC）、互联网名称与数字地址分配机构（ICANN）、互联网架构委员会（IAB）、地区性互联网注册管理机构（RIRs）等与网络空间治理息息相关的国际组织与机构，承担了部分网络空间全球治理的相关组织与协调工作。最后，不同国家也应积极参与网络主权的国际实践。比如，2011 年 9 月，中国、俄罗斯等国联合向联合国第六十六届大会提交了《信息安全国际行为准则》草案，呼吁国际社会将网络主权作为网络空间规则建构的基石，各国相互尊重彼此的网络主权；2020 年，中国发布《全球数据安全倡议》，面对数据安全风险及全球数字治理新挑战，积极提倡并促进制定数字安全国际规则。

因此，基于网络主权的国际协作框架需要遵循当前国际竞争实践的基本情况，主要遵循以下三条原则：第一，以认同共识为前提，在理念层面形成相互尊重、平等对话的基本原则，为制度搭建与活动实践奠定基础；第二，以法治制度为准则，在安全层面保障网络主权的基本实现，遵守国际章法，同时构建本土化法治体系；第三，以合作共赢为目标，在实践层面参与和平公正、包容共享的国际协作，共同推进网络空间的健康安全发展。

① 赵宏瑞，李树明．网络空间国际治理：现状、预判、应对 [J]. 广西社会科学，2021(11):108-113.

二、互联网技术竞争：核心动力层面

从互联网诞生那一刻开始，技术便是推动网络空间形成和网络社会构建的重要条件，也是互联网发展与竞争的原动力。互联网技术的强弱很大程度上决定了网络空间的国际竞争力。

（一）互联网技术在国际竞争中的重要地位

随着互联网技术的发展与延伸，互联网所指代的已不仅仅是一个信息系统，而是逐渐成为一个囊括了集成电路、计算机、云计算、传输、移动通信、通信网络等诸多技术，覆盖数据获取、存储、传输、处理、应用全过程的组合体。互联网技术正是在所有技术组合体不断更新迭代的基础上演进发展的。[①] 从基本的通信协议、根目录、硬件技术、软件技术、芯片技术等，到不断发展变革的云存储技术、5G/6G 技术、人工智能技术、区块链技术等，互联网技术的组成越来越丰富，呈现出智能化、精准化的技术创新趋势，逐渐成为信息时代技术创新与发展的基础性技术，带动了众多产业的变革与创新。

2016 年 4 月 19 日，习近平总书记在网络安全和信息化工作座谈会上指出，互联网核心技术 [②] 是我们最大的“命门”，核心技术受制于人是我们最大的隐患。我们要掌握我国互联网发展主动权，保障互联网安全、国家安全，就必须突破核心技术这个难题，争取在某些领域、某些方面实现“弯

① 卢亚楠 . 互联网技术的意涵、属性与动力进化 [J]. 经济研究导刊，2020(35):47-50.

② 核心技术包括基础技术、通用技术，非对称技术、“杀手锏”技术，前沿技术、颠覆性技术。

道超车”。[①] 同年 10 月 9 日，习近平总书记在主持十八届中共中央政治局第三十六次集体学习时强调：“网络信息技术是全球研发投入最集中、创新最活跃、应用最广泛、辐射带动作用最大的技术创新领域，是全球技术创新的竞争高地。我们要顺应这一趋势，大力发展核心技术，加强关键信息基础设施安全保障，完善网络治理体系。”[②] 核心技术是国之重器。我们要下定决心、保持恒心、找准重心，加速推动信息领域核心技术突破。这些论述反复说明了互联网技术水平是衡量网络强国的重要标志，发展互联网技术对于维护国家安全、提升国际竞争力具有重要意义，也充分表明了中国将下大力气推进互联网技术创新与发展的决心。

（二）互联网技术发展与国际竞争

面对以信息技术为核心的新一轮科技革命，世界主要国家正快马加鞭布局互联网技术发展及相关技术资源储备，寻找技术创新的突破口，参与并试图影响互联网技术相关国际标准制定，力图抢占这场势不可挡的科技革命的制高点。

当前各国围绕互联网技术展开了激烈角逐，国际互联网呈现出单一化格局消解、两极化趋势显露的技术竞争趋势。具体来看：美国作为互联网发源地，在互联网技术上拥有强大的先天资源优势，同时更注重基础设施技术的建设与发展。[③] 发达国家凭借早期积累掌握核心技术并形成垄断封锁，比如长期以美国为主导的 ICANN 域名管理等。[④] 因此，无论是基础设施还是虚拟资源，全球互联网技术资源分配都长期存在不均衡态势。以海

---

① 习近平．在网络安全和信息化工作座谈会上的讲话（2016 年 4 月 19 日）// 习近平．论党的宣传思想工作 [M]. 北京：中央文献出版社 ,2020:197.

② 加快推进网络信息技术自主创新 朝着建设网络强国目标不懈努力 [N]. 人民日报，2016-10-10(1).

③ 田丽，张华麟．中美互联网产业比较 [J]. 新闻与写作，2016(7):44-46.

④ 谢新洲，石林．基于互联网技术的网络内容治理发展逻辑探究 [J]. 北京大学学报（哲学社会科学版），2020,57(4):127-138.

底电缆为例，海底电缆承载着全球 99% 以上的国际互联网数据流量，其中大部分海底电缆集中在欧洲、北美洲和亚洲。通过对全球海底电缆网络进行结构分析，可以发现埃及、美国、印度尼西亚等是重要的枢纽节点，承载着与其他国家或地区密切的网络连接功能以及大量的过境互联网数据流量。在虚拟资源上，北美洲和欧洲居于主导地位，少数人口占据了大部分网络空间虚拟资源，其中美国在各类网络空间虚拟资源的占比均为全球首位，对虚拟资源拥有绝对的控制主导权；亚洲人口占全球总数近 60%，但仅拥有 24% 的 IPv4 地址、27% 的 IPv6 地址和 18% 的 ASN（自治系统号）；非洲的人均网络资源数量则更低。①

与此同时，发展中国家的技术崛起使发达国家技术垄断的现象有所缓解。单一的互联网全球市场已逐渐消散，供应链变得越来越分散。② 特别是中国互联网技术发展的迅猛之势，对以美国为主导的全球互联网技术格局造成冲击，在部分领域形成中美两极竞争态势。比如，在 5G 技术方面，世界其他国家正面临在中美之间选边的问题；③ 此外，在工业互联网技术竞争方面，截至 2021 年 8 月，中国专利申请量占全球总申请量的 54.49%，美国占 28.73%，排名第三的韩国和第四的世界知识产权组织（WIPO）占比份额分别为 6.22% 与 2.50%，与前两名的专利申请量差距较大。④

在互联网技术国际竞争中，中国的竞争优势突出体现在 5G 技术、人工智能、云计算等方面。在 5G 技术方面，中国已跻身于国际领先集团。2019 年，中国正式发放 5G 商用牌照，开启了中国通信业的 5G 时代。截至 2022 年 4 月底，中国已建成全球规模最大的 5G 网络，累计开通 5G 基站 161.5

① 陈帅，郭启全等 . 地缘博弈中的全球网络空间资源争夺 [EB/OL]. 全球技术地图百家号 ,(2022-01-29)[2023-01-29]. https://baijiahao.baidu.com/s?id=1723217640670343838&wfr=spider&for=pc.

② 中美技术竞争将愈演愈烈 [EB/OL]. 全球技术地图百家号 ,(2021-08-06)[2023-01-29]. https://baijiahao.baidu.com/s?id=1707346557564653026&wfr=spider&for=pc.

③ 阎学通 . 美国遏制华为，技术标准之争成国际竞争趋势 [EB/OL]. 文汇客户端 ,(2019-05-18)[2023-01-29].https://www.china.com.cn/opinion/think/2019-05/20/content_74802581.htm.

④ 前瞻产业研究院 .2021 年全球工业互联网技术市场现状及竞争格局分析 [EB/OL].(2022-05-18)[2023-01-29].https://bg.qianzhan.com/trends/detail/506/220518-171ad41b.html.

万个，占全球5G基站的60%以上，登录5G网络的用户已经达到4.5亿，占全球5G登网用户的70%以上。[①]在人工智能领域，2018年1月至2021年10月期间，全球共新增65万件人工智能专利申请，其中中国是申请数量最多的国家，专利申请量为44.5万件，占比68.5%；其次是美国和日本，申请量分别为7.3万件（占比11.2%）和3.9万件（占比6.0%）。在2021年7月8日召开的世界人工智能大会，中国以综合得分50.6分位列人工智能创新指数全球第二名，第一名为美国，得分66.31分。此外，中国的部分人工智能应用技术，如语音识别、视觉识别技术也处于世界领先地位。[②]在云计算方面，近年来，中国云计算市场持续高速增长。根据中国信息通信研究院发布的《云计算白皮书（2022年）》，2021年中国云计算总体市场规模达3229亿元，较2020年增长54.4%。[③]截至2022年6月底，中国在用数据中心机架总规模超过590万标准机架，服务器规模约2000万台，算力总规模排名全球第二。[④]目前，中国云计算已经形成了从硬件、网络、管理系统到应用软件全方位的自主核心技术，并带动其他各行业数字化发展。[⑤]

如今，中国在全球范围内已成长为互联网技术大国，但不可否认的是，“中国在一些细分领域的劣势仍十分明显，存在技术空白和‘卡脖子’现象”[⑥]，在互联网关键技术、核心技术上与欧美发达国家相比仍有显著差距。比如，芯片问题，2013年起中国每年进口芯片价值超过2000亿美元，2018年起超过3000亿美元，2020年已逾3500亿美元，达到原油进口量的2倍。[⑦]

---

① 王政．今年计划新增5G基站60万个[N]. 人民日报,2022-06-12(1).

② 朱奕奕．中国人工智能创新指数全球第二，226个超算中心居全球首位[EB/OL]. 澎湃新闻百家号,(2021-07-08)[2023-01-29]. https://baijiahao.baidu.com/s?id=1704711788706894043&wfr=spider&for=pc.

③ 陈义．我国云计算迎来蓬勃发展期 运营商抢抓市场机遇[EB/OL]. 中国产业经济信息网,(2022-08-13)[2023-01-29]. http://www.cinic.org.cn/hy/tx/1335210.html.

④ 王政．中国算力规模排名全球第二[N]. 人民日报海外版,2022-08-05.

⑤ 彭训文．中国互联网这5年：领跑全球互联网技术[N]. 人民日报海外版,2017-09-29.

⑥ 王缉思，赵建伟等．技术领域的中美战略竞争：分析与展望//北京大学国际战略研究院．国际战略研究简报（第123期）[R].2022-01-30.

⑦ 支振锋．必须突破“卡脖子”的网络核心技术[EB/OL]. 央广网百家号,(2021-02-28)[2023-01-29]. https://baijiahao.baidu.com/s?id=1692927515941976965&wfr=spider&for=pc.

此外，中国自主的网络安全产业在产业规模、研发力度、营收规模等方面也均与国际水平存在较大差距。[①] 根据中国信息通信研究院发布的 2022 年《中国网络安全产业白皮书》，2020 年全球网络安全产业市场规模为 1366.62 亿美元，其中，北美占据 46.70% 份额，西欧占据 21.96% 份额，中国所在的亚太地区占比为 21.96%。[②] 缺少网络核心技术，不仅意味着需要为此付出巨大的市场代价，更严重的是还要面临严重“卡脖子”的风险，危及产业安全和国家安全。

① 谢新洲，石林．基于互联网技术的网络内容治理发展逻辑探究 [J]. 北京大学学报（哲学社会科学版），2020,57(4):127-138.

② 中国信息通信研究院 .2022 中国网络安全产业白皮书 [EB/OL].(2022-02-15)[2023-01-29]. http://www.199it.com/archives/1384744.html.

三、互联网产业竞争：实体应用层面

互联网国际竞争在实体应用层面表现为产业竞争。互联网产业发展与创新是增强互联网国际竞争力的重要维度，更伴随互联网向多种业态的渗透与辐射，日渐成为推动国家经济社会发展的重要引擎、参与甚至主导跨国经济活动的重要抓手。互联网产业发展在国际竞争中的重要意义不言而喻。

（一）互联网产业发展的战略意义

互联网产业发展的战略意义首先体现在数字经济对各国经济增长的驱动作用上。数据显示，2021 年全球 47 个国家的数字经济增加值规模达到 38.1 万亿美元，同比增长 15.6%，占 GDP 的比重达到 45.0%。[①] 伴随互联网产业的发展，信息和数据资源逐渐成为重要的生产要素和社会财富。信息生产与服务带来社会生产方式变革，数字经济不仅能够直接为各国经济增长注入新动能，还在更广泛意义上与实体经济紧密结合、互动，成为新时代全球经济发展及模式转型的重要中介和重要平台。习近平总书记在 2018 年两院院士大会上的重要讲话指出："世界正在进入以信息产业为主导的经济发展时期。我们要把握数字化、网络化、智能化融合发展的契机，以信息化、智能化为杠杆培育新动能。"[②] 这一论述深刻阐明了互联网产业对于当

① 唐弢，徐壮．世界互联网大会蓝皮书：2021 年中国数字经济规模达 45.5 万亿元 [EB/OL]. 新华网，(2022-11-10)[2023-01-29].http://www.news.cn/fortune/2022-11/10/c_1129116001.htm.

② 习近平．努力成为世界主要科学中心和创新高地（2018 年 5 月 28 日）// 中共中央党史和文献研究院，中国外文局编．习近平谈治国理政（第三卷）[M]. 北京：外文出版社，2020:247.

前全球经济发展的重要意义，也为我国互联网产业发展指明了方向。

互联网产业发展的战略价值还体现在对产业技术革新和产业优化升级的推动作用上。习近平总书记强调，发展数字经济“是把握新一轮科技革命和产业变革新机遇的战略选择”[①]。长期以来，推动产业转型升级是我国经济发展工作的主要任务之一，而产业数字化转型是赋能传统产业升级的有效途径。在互联网产业迅速发展的背景下，我国数字技术创新成果不断丰富，为产业转型升级提供智能化、数字化技术支持和升级方案；同时，互联网产业发展所引领的计算技术、数字能源等领域的创新为我国数字基础设施建设提供有力支撑，为产业转型提供更多可能。

互联网产业更是产业创新和技术创新的试验田、孵化器。我国高度重视创新在国家发展中的关键作用。党的十八届五中全会提出“创新、协调、绿色、开放、共享”的新发展理念，将创新摆在国家发展全局的核心位置。互联网是驱动经济创新发展的重要平台。互联网产业强调创新，鼓励创新，也相较于其他产业为创新留出了更多试错和发展空间。从阿里巴巴具有基础设施意义的电商平台、支付系统、物流生态，到腾讯基于用户基础和开放接口形成的“快速迭代式”产品创新，再到字节跳动利用算法技术开启的个性化信息推荐模式创新，互联网产业创新与技术创新相伴而行，不仅孵化出了诸多创新产品，推动了企业快速发展，而且带动了相关产业创新发展，展现出强大的外溢效应。向产业互联网转型是互联网发展的方向，即更广泛地应用互联网技术与市场思维，使其与制造、医疗、交通、教育等传统和新兴产业领域不断融合，催生出一系列新的产业形态，企业组织、生产方式、产业边界和商业模式等也都将随之改变。[②]在中国，产业互联网具体表现为“互联网 +”，在互联网泛在化、移动化、智能化趋势下，依托中国的用户规模优势和制造业大国优势为关键技术创新提供市场和要素支持，将“互联网 +”与“中国制造 2025”“大众创业、万众创新”、全面深

① 习近平．不断做强做优做大我国数字经济 [J]. 求是，2022(2):4-8.

② 李佐军，田慧敏．产业互联网要提升国际竞争力 [N]. 经济参考报，2015-08-21.

化市场经济体制改革、国家治理能力现代化等国家战略相结合，使互联网成为产业转型升级的新动力，也成为提升国家竞争力的重要基石。

（二）国际互联网产业竞争

目前，世界进入数字化转型发展时期，全球数字经济规模持续增长。我国数字经济规模已有一定体量，但与全球领先水平相比仍有差距。2021年，我国数字经济规模增至7.1万亿美元，总量稳居世界第二；美国数字经济规模蝉联世界第一，达到15.3万亿美元。[①] 中美两国在数字经济规模方面仍存在较大差距。发达国家数字经济占GDP比重明显较高，其中德国、英国、美国占比均超过65%，位列世界前三，韩国、日本等国占比也超过全球平均值（45%），而我国数字经济占GDP比重仍在45%以下[②]，未能达到全球平均水平。

在国际互联网产业竞争中，我国互联网企业快速成长，部分平台和企业走上国际舞台，成为国际竞争中有力的数字经济主体。目前，以阿里巴巴、腾讯、百度、字节跳动等为代表的中国互联网企业逐渐跻身世界头部互联网企业竞争行列。以字节跳动旗下拳头产品TikTok（抖音海外版）和抖音为例，Sensor Tower商店情报数据显示，2022年1月TikTok&抖音蝉联全球移动应用（非游戏）收入榜冠军，其内购收入达到2.66亿美元，是2021年同期的2.1倍。其中，大约36.5%的收入来自中国iOS版本抖音；美国市场排名第二，贡献了21.4%的收入；德国市场排名第三，占3.6%。[③]

然而，中国互联网企业的出海之路并非坦途。2020年6月，印度政府以“有损国家主权和国家安全”的名义，将TikTok、微信、新浪微博等59

---

① 中国信息通信研究院．全球数字经济白皮书（2022年）[R]. 北京：中国信息通信研究院,2022.

② 中国信息通信研究院．全球数字经济白皮书（2022年）[R]. 北京：中国信息通信研究院,2022.

③ Shu. 2.66亿美元！TikTok、抖音荣登1月全球移动应用收入榜冠军[EB/OL]. TK出海日志百家号,(2022-02-21)[2023-01-29]. https://baijiahao.baidu.com/s?id=1725336914647611624&wfr=spider&for=pc.

款中国 App 列入禁止名单。9 月 2 日，印度政府又以国家安全为由再次禁止 118 款中国手机应用程序。2020 年 8 月 7 日，时任美国总统特朗普引用《国际紧急经济权力法》签署行政命令，称美国“必须对 TikTok 的所有者采取强硬行动，以保护我们的国家安全”，该命令禁止受美国司法管辖的任何人或企业与 TikTok 母公司字节跳动进行任何交易。对此，不少学者表示这一举动实质上是美国针对中国开展的互联网经济竞争手段。“互联网大企业正成为全球政治经济利益的一个容器。未来大国之间的竞争必然集中在互联网领域，因为它不仅涉及国家的权利与安全，还涉及财富的全球分配。”①

不可否认的是，从宏观的数字经济规模到微观的互联网企业市值，中美互联网产业竞争差距仍然显著。截至 2021 年 11 月 24 日（以下简称当日），在互动媒体与服务产业方面，美国头部企业“阿尔法贝塔公司”（谷歌母公司）的市值达 19477 亿美元，2021 年平均市值（2021 年 1 月 1 日至当日，下同）达 15086 亿美元；而中国头部企业“腾讯”的当日市值为 5879 亿美元，年平均市值为 7036 亿美元。在互联网与直销零售业方面，美国头部企业“亚马逊公司”当日市值达 18158 亿美元，年平均市值达 16910 亿美元；中国头部企业“阿里巴巴”的当日市值为 3701 亿美元，年平均市值为 5633 亿美元。综合来看，腾讯与阿尔法贝塔的平均市值差距从 2020 年的 41% 增加到 2021 年 53%，扩大了 12%；阿里巴巴与亚马逊的平均市值差距从 2020 年的 52% 增加到 2021 年的 67%，扩大了 15%。②

① 时畅，李晓曼，申罡．美国政府打压中国互联网科技企业，本质是中美两国的国家竞争 [EB/OL]. 中国网，(2020-08-10)[2023-01-29].http://www.china.com.cn/opinion/think/2020-08/10/content_76581966.htm.

② 何志毅 .40 家本土巨头不敌一个美国亚马逊，这场格局之争不能再输了！ [EB/OL]. 正和岛腾讯新闻号，(2021-11-30)[2023-01-29]. https://view.inews.qq.com/k/20211130A0CBK300?web_channel=wap&openApp=false.

四、国际话语权争夺：意识形态层面

在意识形态层面，互联网的国际竞争体现在国际话语权的争夺。国际话语权是国家意志的体现，背后靠综合国力支撑，其既是国家软实力的重要组成部分，又同国家硬实力息息相关。[①] 随着互联网技术的成熟，互联网在全球范围快速普及，日益成为具有国际影响力的舆论场域。在激烈的国际话语权争夺战中，网络舆论场、关键资源管理，以及对网络空间国际规则的制定都成为“兵家必争之地”。

（一）网络空间的国际话语权

国际话语权体现了一个国家在国际社会中的地位与能力，是国家软实力的重要组成部分。有了国际话语权，意味着在国际议程设置、国际标准与规则制定、国际舆论引导、国际事务定义、国际市场定价与权益分配等方面均具有一定程度的效力与影响力。可见，对国际话语权的争夺既是国家实力的比拼，也是国家利益的博弈。随着互联网时代的到来，国际话语权争夺开始走向网络空间，一方面，国际舆论场向网络空间延伸，国际话语权争夺突出表现为国际网络舆论战、网络意识形态斗争及网络文化碰撞；另一方面，国际话语权内涵在网络空间得到丰富。此外，国际话语权争夺还包括围绕网络空间展开的资源分配和规则制定。

就话语表达和传播而言，互联网技术为国际话语权的形态与内容带来

① 谢新洲，黄强，田丽．互联网传播与国际话语权竞争 [J]. 北京联合大学学报（人文社会科学版），2010,8(3):116-122.

了革命性的改变，这种改变源自互联网技术对社会传播生态与资源配置模式的颠覆。

第一，互联网为国际话语权的表现提供了更加丰富的媒介。互联网技术的发展带来了传播渠道的创新，打破了传统的大众传播模式，使多元融合的媒介表现形式成为可能，更涌现出以人工智能技术为支撑的虚拟现实、增强现实等新场景、新样态。这些丰富的互联网媒介打破了传统交往受制于空间疆域以及传统权力结构的情况，均可以转化为构建国际话语权的渠道，并引发国际舆论场格局与话语权结构的转型。①

第二，互联网推动国际话语主体内部的阶层扩展。在大众传播时代，内容生产的基本能力与主要资源都集中在权威机构或专业媒体手中。互联网的崛起大大改变了这种传播格局，为每一个接入互联网空间的个体赋权，为曾经固化的传播秩序增加了流动性，话语权力从精英阶层扩展至社会各个阶层，尤其是数量庞大的普通民众。因此，在互联网环境下，国际话语权表面上是一个国家在国际社会中地位与能力的体现，由国家作为权力构建与塑造的主体，但在实践过程中，政府、媒体、企业、公民等均可以承担国际话语传播主体的角色，借助多种传播媒介与方式，参与全球议题的讨论，综合影响国际话语权的走向。

第三，互联网使国际话语权的实施范围更加广泛。一方面，互联网使世界成了真正意义上的“地球村”，国际对话打破了时空界限、介质界限、身份界限；另一方面，随着互联网的全球普及，国际话语权的实施对象逐渐向广大民众下沉，其影响力和影响范围显著拓展，从根本上改变了国际传播的目标与方式。

第四，互联网使国际话语的表现更加多元。新媒体技术的发展赋予信息以多样化的表现形式，从单一的文字、图片、音视频，到 H5、短视频，再到虚拟现实、元宇宙，国际话语权的表现形式更加多元，国际话语

① 张涛甫．新媒体技术迭代与国际舆论话语权重构 [J]. 人民论坛·学术前沿，2020(15):6-11.

的表现力、感染力得到增强，使得国际传播策略更加丰富、灵活。同时，互联网对传统媒体、主流媒体话语及权威的解构，使得国际话语内容风格更加多元。特别是在社交媒体兴起后，国际传播不再局限于以往相对严肃的国际议题、公共事务，而是内化于更加日常化、大众化的场景和对话中。

（二）网络空间国际话语权博弈

长期以来，在国际舆论场中，中国承受着许多妖魔化言论及虚假信息。一些国家或地区利用互联网发动舆论战，编造虚假信息抹黑中国形象，甚至利用平台优势压制中国声音对外传播，这些事例都在生动诠释着互联网国际话语权的博弈情况。

比如，西方国家有组织地针对我国边疆问题持续编造虚假信息，在国际舆论中故意抹黑中国。2022 年 8 月 23 日，美国斯坦福大学网络观察室（Stanford Internet Observatory，简称 SIO）和社交平台分析公司 Graphika 联合发布报告《听不见的声音：评估 5 年来亲西方的秘密影响行动》（*Unheard Voice*: *Evaluating Five Years of Pro-Western Covert Influence Operations*），[①] 揭露了西方的大规模政治宣传造谣运动如何运作：通过分析一批被脸书（Facebook）、推特（Twitter）等西方社交平台移除的账号，研究人员发现了一个针对中东和亚洲国家进行信息干预的巨大宣传账户网，这些账号用人工智能生成照片当头像，冒充“独立”新闻机构的虚假媒体组织，复制粘贴相同的内容，再制造热门标签引起话题讨论；其中有许多聚焦中国新疆的虚假账号和虚假媒体，发帖宣称新疆存在器官贩卖、强迫劳动和针对穆斯

① Graphika & Stanford Internet Observatory. Unheard Voice: Evaluating five years of pro-Western covert influence operations. Stanford Digital Repository [EB/OL]. (2022-08-23)[2023-01-29]. https://purl.stanford.edu/nj914nx9540.

林妇女的性犯罪行为，而这些信息全部都是毫无根据的虚假信息。[①]

又如，在新冠疫情全球大流行期间，中国作为疫情初期的主要发生地，被美国等西方国家个别政客“污名化”和“甩锅”。一方面，给重大公共卫生事件贴上政治标签，将新冠病毒冠以“武汉病毒”“中国病毒”，试图将病毒溯源这一科学问题政治化，不遗余力地煽动“反华情绪”；另一方面，在中国积极抗击疫情之时，一些西方主流媒体莫须有地指责中国“隐瞒疫情”“数据不透明”等，用“中国威胁论”渲染中国对外物资援助背后的“野心”，称中国正开展“口罩外交”、推行“慷慨政治”。这些舆论攻势经由国际网络舆论场肆意发酵，严重影响了中国的国际形象。

除了国际网络舆论场，多年来各国围绕互联网关键资源和网络空间国际规则也展开了日益激烈的博弈，通过提出各自方案争夺规则制定的话语权。比如，关于互联网关键资源管理问题，美国曾提出确保“私营机构在资源管理中处于领导地位”的方案；巴西等国曾提出分离“ICANN 的网络治理政策制定功能和管理配置根服务器权限”的方案；印度曾提出“ITU（国际电信联盟）管理资源”方案[②]。

关于网络空间的国际规则制定问题，国际竞争表现出了更加复杂、长期、多变的态势。作为联合全球的规范倡导者与组织性平台，联合国在国际规则制定上起到了重要的作用，如由中国、俄罗斯等国家起草制定的第六十六届联合国大会正式文件《信息安全国际行为准则》，为世界各国在信息和网络安全方面的行为提供了基本原则和范式。同时，美国等西方国家也有“单独行动”。比如，2009 年，北约合作网络防御卓越中心“首次尝试打造一种适用于网络攻击的国际法典”[③]，即《塔林手册》,2017 年,《塔林手

① 起底工作室 . 是谁在操纵新疆叙事？斯坦福大学的这份报告亮了 [EB/OL]. CHINADAILY,(2022-09-11)[2023-01-29]. https://mp.weixin.qq.com/s?__biz=MzU1NTcxODQ0OQ==&mid=2247740228&idx=1&sn=4abf85800f08fe851734f010e529edbe&chksm=fbdd691accaae00c3155abb2e77f35d6d4d070483e95e6125eb930875748e597b7914a05889d&scene=27.

② 张莉 , 王超 . 2016 年我国网络安全形势严峻，这十大问题需警惕！ [EB/N]. 中国电子报 ,2016-02-05.

③ 蒋亚民 . 网络强国建设需要重视国际化的网络安全方略 [EB/OL]. 中国共产党新闻网 ,(2015-03-19)[2023-01-29]. http://theory.people.com.cn/n/2015/0319/c386965-26716864.html.

册》升级到 2.0 版本，该文件在一定程度上“具有国际化网络行为规范的意义，可能在部分西方国家之间打造出网络威权联盟”①。近两年，部分国家关注国际法对网络空间的适用性与行为规范问题，继美国、法国、荷兰等国家之后，2021 年，德国、瑞士也先后发布相关文件，表明国家立场。总体而言，在网络空间国际规则制定方面，当前主要有三种途径发挥影响：“一是现有国际法在网络空间的适用，二是网络空间负责任国家行为规范的发展，三是网络空间新条约的制定”②。

以上种种事例均表明，争夺国际话语权是当今互联网国际竞争的重要组成和突出表现，中国正面临着激烈且复杂的网络国际话语权竞争环境。

---

① 蒋亚民．网络强国建设需要重视国际化的网络安全方略 [EB/OL].(2015-03-19)[2023-01-29]. http://theory.people.com.cn/n/2015/0319/c386965-26716864.html.

② 王铮．网络空间国际规则博弈发展动向与态势探析 [J]. 北京航空航天大学学报（社会科学版），2021, 34(5): 30-32.

五、互联网国际竞争的未来重点

21 世纪以来，互联网逐渐成为国家发展与国际竞争的重要方面。各国加紧部署网络空间战略，加大对互联网技术与产业发展的资源储备与投入，互联网国际竞争越演越烈。着眼于互联网发展规律及前沿趋势，未来互联网国际竞争将主要集中在以下方面。

（一）核心技术为基础，数字经济为引擎

技术是互联网发展的基石，掌握核心技术意味着在互联网国际竞争中占据基础优势，进而将优势扩大至政治、经济、文化等诸多方面。目前，在全球范围内的互联网技术竞争中，中国仍处于弱势，互联网核心技术、关键技术亟待突破，技术空白仍需填补。因此，为提升国际竞争力，中国应把更多人力、财力、物力投向信息领域用于核心技术研发，强化重要领域和关键环节任务部署，集中精锐力量，遵循技术规律，分梯次、分门类、分阶段推进。应当看到，信息技术的市场化程度很高，很多前沿技术表面上看是单点突破，实际上是从信息技术整体发展的丰厚土壤中孕育出来的。这就要求我们把核心技术生成的母体培育好，建设好产业链、价值链、生态系统，推动上下游有机衔接，推动成果转化和市场应用。还应看到，互联网技术迭代速度很快，今天的领先技术很快就可能成为明日黄花。我们要摒弃简单模仿、一味跟跑的惯性思维，着眼下一代互联网技术，努力实

现“弯道超车”或“变道超车”，赢得未来竞争的先机。[①]

在技术创新的同时，我们还应从建设现代化经济体系的高度统筹入手，处理好数字经济与实体经济的关系，为互联网可持续发展特别是面向长期的互联网核心技术攻关积攒动能；应认识到，数字经济不是简单的虚拟经济，不能简单地将其归为“脱虚向实”而进行限制，应加强引导和规范，既使数字经济真正产生实效，又防控其发展中的各种风险；应加快实体经济和数字经济融合发展，推动互联网、大数据、人工智能与实体经济深度融合，做好数字产业化和产业数字化两篇大文章，发挥数据的基础资源作用和创新引擎作用，加快形成以创新为主要引领和支撑的数字经济，引领带动传统产业转型，推动制造业加速向数字化、网络化、智能化升级，以新动能驱动新发展。[②]

（二）数据安全重要性提升，数据资源争夺加剧

数据成为维护国家安全的关键要素。数据对国家安全的影响主要表现在以下方面：第一，数据是未来网络空间战争和军备竞赛的重要武器，数据攻击和数据技术为网络战提供了充分条件。第二，数据是未来国际政治竞争的关键工具，数据域正在成为政治战的核心场所。第三，数据是未来国家经贸竞争力的核心要素。第四，后疫情时期，国家安全对以生物信息为代表的数据安全提出了更高要求。

一方面，全球分工合作背景下数据海量聚集、爆发式增长，数据在经济发展和生产生活中的重要性进一步突出，成为带动科技创新、产业优化、机制完善的引擎；另一方面，由疫情引发的生物安全隐忧和数据风险不断增加，部分国家在数据政策上有所收紧，逆全球化趋势有所抬头，意识形态下的数据保护成为国际形势中的一大变数。在数据成为重要战略资源的

① 谢新洲．迈向网络强国建设新时代 [N]. 人民日报（理论版）, 2018-03-23(7).

② 谢新洲．迈向网络强国建设新时代 [N]. 人民日报（理论版）, 2018-03-23(7).

当下，如何合理科学地将数据主权与安全纳入国家核心利益的范畴，确保数据资源的完整性、保密性和可用性，权衡好国家安全与经济发展的关系，是后疫情时代形势判断和战略部署的关键。

目前我国已经加快了关于数据保护、数据流通的高位阶立法，比如，2021 年《中华人民共和国数据安全法》和《中华人民共和国个人信息保护法》相继出台并实施。其中，我国在数据跨境流动方面采取“有限流动”的思路，强调在保障国家安全以及政府允许的情况下开展跨境数据交流。《中华人民共和国数据安全法》第十一条指出：“国家积极开展数据安全治理、数据开发利用等领域的国际交流与合作，参与数据安全相关规则和标准的制定，促进数据跨境安全、自由流动。”①

（三）警惕“马太效应”，重建国际秩序

互联网国际竞争的马太效应越加凸显。由于推动互联网发展关键的技术、基础设施、资本、人才、话语权等资源在全球范围分配严重不均，资源基础薄弱的国家和地区在互联网发展与治理上处于被动地位，在价值理念、规制标准、资源利益上受到发达国家严重牵制，缺乏把握互联网发展及数字经济发展机会的能力，更缺乏抵御网络安全威胁与风险的能力。比如，对于网络安全技术与监管能力较弱的发展中国家，跨境数据流动将对本国用户隐私、数据安全乃至国家安全构成威胁。又如，在平台经济的“网络效应”下，头部平台凭借其技术和用户基础，不断累积起垄断性的竞争优势，并通过管理连接外部市场的边界与入口资源，构筑平台壁垒，以期实现“赢者通吃”，阻碍了诸多中小型企业进入市场、参与数字创新、获得包容性发展的机会，不利于全球互联网产业整体创新能力和发展活力的提升。

国际互联网发展与治理秩序亟待重建。对此，中国倡导构建“网络空

① 中华人民共和国数据安全法 [EB/OL]. 中国人大网 ,(2021-06-10)[2023-01-29]. http://www.npc.gov.cn/npc/c30834/202106/7c9af12f51334a73b56d7938f99a788a.shtml.

间命运共同体”。习近平总书记深刻指出：“网络空间是人类共同的活动空间，网络空间前途命运应由世界各国共同掌握。各国应该加强沟通、扩大共识、深化合作，共同构建网络空间命运共同体。”[①]“大家的事由大家商量着办，做到发展共同推进、安全共同维护、治理共同参与、成果共同分享。”[②]加强网络空间国际交流与合作，共同构建和平、安全、开放、合作、有序的网络空间，建立多边、民主、透明的全球互联网治理体系，[③]确保不同国家、不同民族、不同人群平等享有互联网发展红利，让互联网更好地造福世界各国人民，应是国际社会共同努力的方向。

（四）推进全球协同治理，思想文化引领是关键

在全球范围内，一些国家掀起“逆全球化”浪潮，单边保护主义盛行。同时，技术驱动下的数字全球化带来了一系列跨境性和外溢性的问题，国家间由于政治体制和历史文化的差别，认知和理念存在分歧，难以形成统一完善的治理体系和规则，导致内生制度性困境不断加剧。各国互联网治理政策差异显著，对利益和资源的争夺加剧了不同国家或地区之间的紧张关系，造成国际互联网发展与治理的割裂状态。

当下各个国家创造了不同的“权力空间”，彼此之间存在兼容性或互操作性问题，阻碍了制定全球协同治理规则的可能性，也无法为所有国家创造一个公平的、惠及所有人的竞争环境。治理模式的分裂最终可能带来彼此隔绝，各国在没有共识的情况下采用内向型政策，导致全世界创新和发展的机会减少。[④]随着信息通信技术以及数据生产要素对经济和社会的影响

---

① 习近平．在第二届世界互联网大会开幕式上的讲话（2015 年 12 月 16 日）// 习近平．论党的宣传思想工作 [M]. 北京：中央文献出版社 ,2020:173.

② 习习近平．致第四届世界互联网大会的贺信 [N]. 人民日报 ,2017-12-04.

③ 国家互联网信息办公室，外交部．网络空间国际合作战略 (全文)[EB/OL]. 新华网 ,(2017-03-01)[2023-01-24]. http://www.xinhuanet.com/politics/2017-03/01/c_1120552767.htm.

④ 陈少威，贾开．跨境数据流动的全球治理：历史变迁、制度困境与变革路径 [J]. 经济社会体制比较 ,2020(02):120-128.

日益加深，互联网治理规则的制定和推广成为一个关乎全球经济和政治权力的问题。

未来，各国围绕互联网关键资源和网络空间国际规则的角逐将更加激烈。一方面，西方依靠其话语权优势对外进行价值观输出，“网络自由”“网络中立”“多利益攸关方”等符合西方国家利益要求的互联网理论走向全球并产生重要影响。[①]但另一方面，全球互联网治理的规则尚未定型，西方互联网理论在实践过程中遭到质疑和挑战。因此，中国应进一步加强传播中国互联网思想，并凝聚共识、形成规则，将体现中国理念、中国主张的互联网理论转化为推动全球互联网公正合理发展的基本准则和制度性权力。中华文化中蕴含的智慧为人类解决技术发展带来的社会问题、伦理难题提供了新的有效思路。中国作为负责任大国，应深化互联网领域的思想理论研究，加强互联网文化建设，以中国互联网思想引领全球互联网发展的价值取向，为全球互联网发展治理提供更多中国主张和中国智慧，为东西方思想文化交流互鉴乃至人类文明发展作出新的更大的贡献。[②]

---

① 谢新洲．迈向网络强国建设新时代 [N]. 人民日报（理论版）, 2018-03-23(7).

② 谢新洲．迈向网络强国建设新时代 [N]. 人民日报（理论版）, 2018-03-23(7).

第四章 网/络/强/国

互联网在中国

1994年，互联网落地中国。作为中国社会的“新事物”，互联网将新兴的信息通信技术的种子播撒在了中国改革开放的土壤上，引发了新一轮技术革命和产业革命，为中国经济社会发展带来了新的活力和气息。此后，互联网展现出与中国社会的接近性与嵌入性，快速生根、发芽、成长。经过近30年的发展，互联网在当下不再局限于技术手段的工具性作用，而是呈现出与中国社会发展相互作用的“嵌入”状态。互联网以其特殊运行架构与互动机制发挥技术效能，借助各类电子终端，作为中间桥梁连接社会各领域，缔造网络化的媒介环境、泛在的信息场域和多态的存在方式，解构现行社会、经济、文化运行的同时，结合多个场景重新建构日常生活。互联网成为形塑中国社会的重要力量，以“互联网+”形态对中国政治、经济、社会、文化等方面产生深远影响。互联网成为影响世界的重要力量，以及决定大国兴衰的关键。在向第二个百年奋斗目标进军、以中国式现代化全面推进中华民族伟大复兴的关键时刻，加快推进网络强国建设，能够让互联网更好地造福社会、让亿万人民在共享互联网发展成果上有更多获得感。

一、互联网落地中国

当前，互联网已经成为中国社会的重要组成部分，并以“互联网+”形态对中国政治、经济、社会、文化等方面产生深远影响。回溯20世纪90年代初期，接入国际互联网的决策成为历史的分水岭，中国向建设网络强国之路迈出了第一步。

彼时，国家信息中心作为国民经济信息化联席会议的办事机构，对包括接入国际互联网在内的影响中国信息社会构建的重大决策发挥了重要影响。1993年12月，国务院批准成立国家经济信息化联席会议，时任国务院副总理的邹家华任联席会议主席。该组织研究全球信息化和全球网络基础设施发展的形势，其中包括对于互联网的关注。“当时联席会议做了很多讨论，其中包括1994年我国正式接入国际互联网。这个决策非常关键，如果没有当时接入国际互联网的行为，我国互联网的发展也不会有今日的速度。”①

“（要不要发展互联网）这个决策过程应该说是比较复杂的，涉及很多内部讨论的问题，主要研究的是接入的利与弊。当时国内有两种意见：一种意见是我们自己建一个网——IP网（利用IP协议使性能各异的网络的网络层看起来像是一个统一的网络，这种使用IP协议的虚拟互联网简称IP网，其好处是，当IP网上的各主机进行通信时，就好像在单个网络上通信一样，彼此看不见互联网的具体异构细节）另外一种意见认为互联网是全球性的，我们应该和它融为一体。最后国务院作出要接入国际互联网的决定，时任总理李鹏、副总理邹家华，在众多意见分歧时，作出了重要批示。李鹏总

① 谢新洲，杜燕．互联网管理要在创新前提下定规则——访中国互联网协会副理事长高新民[J]．新闻与写作，2018(5):76-80.

理在决定接入国际互联网时，有两句话、八个字，即‘趋利避害，为我所用’，这也是当时我们对互联网的一个方针。”[①]

在社会转型的关键时期，面对经济建设和国际竞争的内外双重压力，人们期望借助信息的力量，以“蛙跳”的方式，实现追赶发达国家的目的。正如中国公用计算机互联网（China Net）早期广告语中描述的：“我们已经错过了文艺复兴，我们也没有赶上工业革命，现在，我们再也不能和信息革命的大潮失之交臂了。”[②]事实证明，互联网以其连接能力和组织能力，打破了以往条块分割的社会资源分配格局，促进了社会资源流动及其价值延伸，为社会主义市场经济发展和产业优化升级带来了活力与动力。以互联网为底层技术，带动上层应用持续创新，并以商业化本性带动资本的“涌入”，激荡创业“大潮”。随着互联网“飞入”寻常百姓家，中国网民登上历史舞台。除了经济领域，互联网逐渐向政治、文化、社会等方方面面渗透，带来生产生活方式的数字化、信息化、网络化变革。互联网成为中国经济社会发展、中国人民生产生活不可分割的重要组成部分。

---

① 谢新洲，杜燕．互联网管理要在创新前提下定规则——访中国互联网协会副理事长高新民 [J]. 新闻与写作，2018(5):76-80.

② 闵大洪．传播科技纵横 [M]. 北京：警官教育出版社，1998:190.

二、互联网在中国的发展

互联网落地中国后，党和政府高度重视互联网的发展。党的十八大以来，以习近平同志为核心的党中央主动顺应信息革命的发展潮流，全面贯彻网络强国战略，将互联网的信息革命成果广泛应用于经济发展与社会运行，将互联网的产业革命红利广泛惠及全国各族人民。互联网在中国的发展历程，也是中国深化改革的历史进程，是中国人民为实现中华民族伟大复兴中国梦的奋斗历程。近 30 年来，互联网在中国快速普及，网民规模不断扩大，为中国互联网发展带来“人口红利”，互联网应用日渐丰富，互联网产业走向成熟。

（一）技术化拓展：门户网站兴起，网民力量初现

第一阶段为技术拓展与商业化萌芽阶段（1994—1999 年）。互联网这一新兴技术产物在中国实现了从零到有的初期扩散。受初期技术特征和社会环境因素的影响，互联网扩散初期由于基础设施发展滞后，对个人的信息素养和技能有一定要求，互联网在中国的普及率还比较低，主要是专业技术人员、国家行政管理人员、高校研究人员等高学历群体使用。

互联网商业化进程处于初创萌芽阶段。1995 年，中国第一家 ISP（互联网接入服务提供商）瀛海威成立。瀛海威在中关村立起的“中国人离信息高速公路有多远——向北 1500 米”成为中国互联网发展史上的一个重要标志。1997 年，搜狐、网易、四通利方（新浪前身）等一批互联网门户网站开始出现在大众视野中，面向大众提供互联网应用服务，迎来了互联网

商业化元年。[①] 1997 年 6 月，网易公司成立，并先后推出了免费主页、免费域名、虚拟社区等互联网服务项目。同时，以人民网、新华网为代表的中央新闻网站和以上海热线、武汉热线为代表的地方综合性门户网站逐步建立。1999 年，腾讯正式推出即时通信软件“QICQ”，后改名为“QQ”，2000 年 5 月，QQ 同时在线人数突破十万。2000 年，李彦宏等人在中关村创立百度，2001 年推出独立搜索引擎，直接服务用户。互联网功能逐步从单一走向多元化、大众化，满足信息搜寻、娱乐休闲、社会互动等多种需求。

1999 年 5 月，为表达对以美国为首的北约袭击中国驻南联盟使馆的暴力行径的强烈愤慨，人民网开通“强烈抗议北约暴行 BBS 论坛”，开通一个多月即在海内外产生了重大影响，同年 6 月更名为“强国论坛”。[②]“强国论坛”作为有官方性质的网络论坛，在吸引了大批受到强烈爱国主义情感驱动的网民的同时也提升了《人民日报》及其网络版的影响力。

这一阶段的网民多为社会经济地位较高的高学历群体，他们聚集在聊天室、门户网站留言区、论坛等就社会新闻发表个人观点、交换意见，在辩驳和协商中形成对公共事件的一致性态度和认知。这一网络空间在当时线下参与渠道并不完善的社会背景下为网民提供了自由表达的途径，在政府的积极管控下，这些讨论区成为互联网上相对可控的公共领域。

表达门槛和成本的降低并不意味着网络上的身份平等。中国网民分层现象最早出现在网络论坛中，逐渐形成了发帖者、跟帖者、旁观者等阶层。网民们还创造了别具特色的新名词来形象化不同的网民角色，比如“潜水者、灌水者、围观者、吃瓜群众”等。社交媒体进一步扩张后，尤其是微信的兴起，中国传统的熟人社会出现了向网络空间整体迁徙的现象，网民分层与现实社会阶层的重合度在增加。

---

① 王璇．中国网络传播各时期的媒介形态刍议 [J]. 现代传播（中国传媒大学学报），2015, 37(4):157-159.

② 唐淑倩．关于中国网络论坛政治参与形式的研究 [D]. 天津：天津师范大学，2012.

2000年前的网络移民都对网络充满憧憬，希望通过网络重新塑造一个与现实生活中不一样的自我，表达在现实生活中无法表达、无从表达或无处表达的意见和想法，寻找现实生活中难以邂逅的“知音”。因此，他们主动上网，并积极参与网络空间的构建。随着网络论坛的发展，参与人数激剧增加，话题不断更新，为了提高网络空间的效率，需要进行适度的管理。于是，现实生活里的某些管理方法首先被引入网络论坛，出现了管理员，或称版主。当然，管理员的身份最初需要得到大家的认同，否则网民们都“换台”，离开某个论坛，留管理员一人。毕竟，网民们选择进入或退出某个论坛是绝对自由的，和参加线下组织的活动完全不一样，网民无须考虑“面子”“后果”等外在因素。管理员属于网络空间的行政人员，是服务于网民的。如果只有管理员一个层级，则尚难以形成网民分层。网民分层是在网络规则的形成与执行的过程中逐步显现出来的。网络规则通常由某个网民提出后大家修改、讨论后共同执行。最初的网络空间执法者要么是大家共同推选的某个网民，要么就是谁发现谁处理，简单直接，没有复杂的裁判程序，后来开始出现专门的管理员，甚至组建专业的裁判团队。随着某些网民的意见被更多人采纳和接受，网民中出现了“意见领袖”和意见跟随者。观点的丰富自然也产生了支持者与反对者，长期的观点分化便使得意见群体出现固化现象。于是，网络空间形成管理者、意见领袖、支持者、反对者、沉默的大多数等不同阶层。

（二）商业化发展：商业化进程加快，舆论化趋势凸显

第二阶段（2000—2007年）表现为网民高速增长，商业化进程加速。2000年以后，我国网民年增长率结束了翻番的历史，再也未超过80%，但仍保持较高的发展速度。从2003年起，网民增长速度明显放缓，年增长率开始低于50%（2003年为48.47%，2004年则降为27.94%），放缓趋势一直持续到2007年（年增长率回升到31.71%）。此后进入新一轮增长，2008年

增速重回50%以上，达到56.17%，成为中国互联网第二个十年的增速峰值，此后增速持续走低。从普及率方面看，截至2008年6月，中国互联网总体普及率达到19.1%，仍然低于全球平均水平（21.1%）。

以中国为代表的发展中国家，网民数量一直保持高速增长的态势，对世界互联网发展作出了显著贡献。截至2006年12月，我国网民人数达到1.37亿后，互联网普及率超过了10%，进入罗杰斯创新扩散理论中的“起飞阶段”。2008年7月中国互联网络信息中心（CNNIC）在北京发布《第22次中国互联网络发展状况统计报告》称，截至2008年6月底，我国网民数量达到2.53亿，首次大幅度超过美国，网民规模跃居世界第一位。[①]这一阶段，“80后”逐渐取代“70后”，成为互联网的主要使用人群。网民主体为30岁及以下的年轻群体，这一网民群体占中国网民的68.6%，超过网民总数的2/3。

这一阶段网民腾飞式增长的原因有：国民经济持续快速增长，基础设施进步，为网络普及提供了硬件上的便利条件；互联网商业化进程加快，功能不断拓展，娱乐性、社交性较强的商业网站快速发展，互联网逐渐褪去了扩散初期的冰冷的精英化色彩；计算机和上网的价格降低；互联网使用教育培训和宣传推广开始加强，政府机构、事业单位等积极开展互联网使用的教育培训和宣传推广工作。

进入21世纪，伴随着中国互联网商业化进程的加快和资本运作的密集程度加剧，门户网站、网络论坛、搜索引擎、即时通信、博客等互联网特色服务和应用相继兴起。一些研究人员将以论坛、博客为代表的网站的繁荣称为“Web2.0”时代，强调用户生产和消费内容的参与性、交互性、去中心化等特征。

借助着论坛、博客的兴起和发展，网民的表达渠道不断拓宽，表达成本日益降低。用户不仅是互联网的读者，也成为互联网的作者；在信息的传

① 中国互联网络信息中心．第22次中国互联网络发展状况统计报告[EB/OL]．中国互联网络信息中心,(2008-07-24)[2023-01-30].http://www.cnnic.cn/n4/2022/0401/c149-4604.html.

播模式上由单纯的“读”向“写”以及“共同建设”发展，由被动接收向主动创造发展。传统媒体自上而下、一对多传播的特征在网络环境下消退，网络媒体的影响力迅速提升。

网民可以就社会热点事件表达和交流个人意见，各种社会意见在网络上充分互动并引起碰撞与共鸣，在意见互动的过程中，优势意见压倒多数，最后聚合成为主流意见。互联网变革了舆论的存在方式，塑造了舆论新生态。以普通网民为代表的声音从舆论边缘进入中心，传统舆论权威的舆论控制被打破，网络舆论力量突显。2003 年的“孙志刚事件”，可以视作网络舆论与现实政治互动的一个标志性事件。

2003 年 3 月 17 日，孙志刚因为缺少暂住证而被警察送到了广州市“三无”人员（无身份证、无暂住证、无用工证明的外来人员）收容遣送中转站，隔天又被转送到收容人员救治站，后被工作人员殴打致死。事件由《南方都市报》等媒体披露后，在各大 BBS、新闻网站上面引起了热烈讨论。在巨大的舆论压力下，有关部门迅速查处了相关人员。2003 年 6 月 22 日，政府发布了《城市生活无着的流浪乞讨人员救助管理办法》，并且废除了自 1982 年开始实施的《城市流浪乞讨人员收容遣送办法》。此事由传统媒体披露，个体事件借由 BBS 进入公共讨论的范畴，发酵后上升为公共事件，网民形成一致的舆论进而导致法律法规的废除与更改，这是互联网首次在公共决策方面发挥重要作用。“孙志刚事件”首次进入公众视野是来源于《南方都市报》这一传统媒体的深度报道。但实际上，事件先是在 BBS 吸引报社记者的注意。

2000 年以后，中国最有名气的 BBS 分别是西祠胡同、西陆论坛、天涯社区、凯迪社区，号称“四大社区”。西祠胡同网总经理刘辉甚至认为，四大社区当中属西祠胡同首屈一指，不论从技术上还是人气上都最具竞争力。时任《北京青年报》记者的宋燕在西祠胡同担任新闻业务方面版块的版主，与很多传统媒体的记者和编辑熟识。据宋燕回忆，孙志刚去世后，有网友在西祠胡同新闻业务方面的版面上提供了线索，希望有媒体能够采访。时任《南方都市报》深度报道组记者的陈峰接下了这个任务，进行了采访、撰写了稿件，2003 年 4 月 25 日，《南方都市报》发表《被收容者孙志刚之死》，并得到宋燕所在的《北京青年报》转载。第二篇报道由《北京青年报》首发，实际上作者还是原班人马。宋燕总结道："从一开始，整个过程都是在西祠里面，运作也是在西祠里面的，包括线索、包括谁领谁发。这个事件缘起也是网络缘起，实际上算是一个小圈子的事情。消息没有在网络上传开，那就是个秘密的版，就我们能看。"经过《南方都市报》等传统媒体的报道，"孙志刚事件"引起了广泛的社会反响，其余 BBS 也相继出现了相关讨论。天涯网总编辑胡斌认为，让天涯 BBS 取得全国性影响力的标志性事件就是"孙志刚事件"。"（'孙志刚事件'）掀起了全国性的网络热议，那么所谓全国性的，当时能够形成这个舆论热潮的，也不过那几个平台，天涯、新浪等。那时候博客还没有开始。"曾担任人民网总裁的何家正也认为"孙志刚事件"意义重大，人民网在该事件中起到了推动作用，是人民网发挥社会影响力的典型代表事件之一。

以这一事件为起点，互联网逐渐变为公众表达个人诉求、获得社会关注、参与政治生活的一种低成本且便捷的途径，2003 年也被称为"网络舆论元年"[①]。一些通过线下的制度化的途径无法解决的事件可以借由互联网引起网民关注，建构为社会公共议题后形成社会舆论，动员起社会力量倒逼政府和相关机构，直接或间接影响公共决策。

2008 年，在"5・12"汶川地震、北京奥运会等具有国际影响的事件中，网民扮演起记者的角色，在互联网上发布文字、图片等记录和报道身边发生的真实新闻，成为一些传统媒体的信息源，对外塑造并传播中国形象，对西方社会一些带有偏见的不实报道予以有力回击。

这一时期，网络游戏、电子商务也开始风生水起。2007 年，完美时代、征途、金山、久游等游戏公司上市，网络游戏成为中国互联网第一收入来

① 苏涛，彭兰．技术载动社会：中国互联网接入二十年 [J]. 南京邮电大学学报（社会科学版），2014，16(3):1-9.

源。而在电子商务方面，2003 年，淘宝网上线，在“非典”中伴随着消费增长率的上涨带来了电子商务的井喷。2007 年，阿里巴巴在香港上市，首日市值超过 250 亿美元，超越谷歌（Google）和百度，标志着中国互联网新的竞争格局的来临。

（三）社会化应用：社交媒体普及化，网络问政“解”民忧

第三阶段（2008—2013 年）表现为社会化媒体的普及和应用，网络空间成为新的公共领域。2008 年之后，网民数量的增速开始放缓，每年的网民增长率持续下降，但总体仍保持着快速增长的趋势。从技术层面看，这一阶段，移动互联网的发展与普及为中国互联网普及率的增长创造了契机。一方面，3G/4G 网络技术的开发、无线技术的发展、智能手机的问世极大地降低了上网的门槛，削减了上网费用。另一方面，2003 年 4 月，我国开始农村党员干部现代远程教育试点工作，并着手农村信息服务站建设。2006 年提出“村村通电话、乡乡能上网”的规划以及“村通宽带”等政府工程的推进，这些发展基础设施的举措为本阶段开辟了农村网民增长的渠道。[①] 截至 2012 年 6 月，中国手机网民数量首次超过电脑网民，手机（3.88 亿）首次超过台式电脑（3.80 亿），成为第一大上网终端。

从 2007 年开始，高中及以下学历的网民数量增长迅速，受到上网费用降低和智能手机普及的影响，低学历、低收入的年轻群体入网。中国网民从少数精英人士向低学历群体拓展的趋势相当明显。该现象与中国互联网用户的低龄化特点相互印证。中小学生成为互联网新用户的主要来源。2010 年初中和小学以下学历网民分别占到整体网民的 27.5% 和 9.2%，增速超过整体网民。大专及以上学历网民占比继续降低，下降至 23.3%。在

① 祝长华，谢俊贵．中国网络人口发展的特征、进程与趋势 [J]. 韶关学院学报，2020,41(9):1-6.

网民向低学历人群扩散的过程中，初中生取代高中生成为网民主力。在性别结构方面，2008 年前后，网民的性别比例趋于优化，逐渐接近普通公民的性别结构。

2005 年 12 月，校内网（后改名为人人网）创立。2008 年，开心网成立。2009 年，新浪微博开始内测。2011 年，微信上线。社交媒体的兴起伴随着移动互联网的发展，带领中国网民来到了即时通信、广泛互联的时代。社交媒体相较于 Web2.0 时期网络媒体的重要特征在于可以帮助个人在线上和线下同步构建、扩展以自己为中心的社交网络，内容的传播和关系的编织同步进行，网民的社会化联结程度加深。传统社会中的人际关系结构在网络层面进行重构和扩展。社交平台的信息聚合和分享，以及协同合作的功能也为网民提供了一个公共交流的信息聚合“市场”，促进了民主决议。社交媒体将互联网和日常生活整合到一起，线上与线下的连接形成线上与线下社会关系的良性互动。

这一时期，以社交媒体为沟通工具和信息中枢，互联网的舆论监督和社会动员能力达到新高度。云南景宁“躲猫猫”案、湖北巴东邓玉娇案、杭州“欺实马”等事件因为网友的参与获得公众的注意，舆论力量的介入，推动其向更公正的方向发展。互联网的舆论监督力量持续上升，网民自发、快速地汇聚在一些公共事件的周围，形成了一个具有实时性的表达意见、引导舆论的网络意见群体。意见领袖型“大 V”脱颖而出，他们凭借一些独到的见解和号召力，在网络信息传播的过程中在一定程度上引领了舆论走向。

面对一些社会上的不公正事件，网民用调侃、讽刺、戏谑的形式创作出一些切合语境、有一定趣味性、能快速传播的“流行语”，用“围观”的力量从下而上倒逼现实社会。从本质上看，“围观”就是关注，网民关注公共事件并通过点赞、转发、评论等便捷且低成本的形式积极制造、传播网络意见，形成网络舆论，进而引发群体情绪、群体行为，产生一定的社会影响。以社交媒体代表的互联网为媒介和平台，一个公共舆论场早已经在中国着陆，汇聚着巨量的民间意见，整合着巨量的民间智力资源，实际上是一个可以让亿万人同时围观，让亿万人同时参与，让亿万人默默作出判断和选择的空间，即一个可以让良知默默地、和平地、渐进地起作用的空间。

除了继续推进“市长信箱”“市长热线”等传统的电子政务形式外，政府机构还着力在微信、微博等社交平台上开通官方账号，用新型的“政务新媒体”保持与公众的实时沟通互动，重视网络舆论监督的力量。2011 年 10 月中旬，成立仅 5 个月的国家互联网信息办公室（以下简称“国家网信办”）在北京召开积极运用微博客服务社会经验交流会，鼓励党政机关和领导干部更加开放自信地用好微博。从 2012 年 8 月微信公众号推出之后的一年中，全国政务微信达 2600 多个。根据职能划分，排名前五的是公安、党政机关、共青团、旅游和税务。[①] 政务新媒体的重要性得到了官方的重视，旨在通过对网络空间的积极参与实现对网络空间的引导和社会秩序的整合，在社会治理创新、政府信息公开、新闻舆论引导、汇聚民情民智、消解群体隔阂、提升政府形象等方面发挥着不可小觑的作用。

然而，网民对公共生活的影响仍然是一个充满争议的话题。目前主要的舆论载体，即微博、微信、今日头条等平台的技术属性导致这些平台的信息分发和社会网络构建方式会让网民更多地接触到跟自己观点和态度接近的信息。[②] 比如今日头条之所以被诟病造成“茧房效应”，就是因为主要基于用户已有的阅读兴趣和倾向推荐内容，导致用户越来越难以接受不同观点，价值观在定型后就很难被撼动，逐步被算法塑造。舆论群体的极化效应也可能导致一些极端化、不理性的行为，扰乱社会秩序。

---

① 谢玉进，陈士平．中国网络社会研究报告 [M]. 北京：经济科学出版社 ,2015:33.

② 谢新洲，宋琢．平台化下网络舆论生态变化分析 [J]. 新闻爱好者，2020(5):26-32.

（四）生活化渗透：移动场景多元化发展，网络应用下沉式服务

第四阶段（2013 年至今）表现为农村和高龄网民进一步增长，网民规模高覆盖，移动场景进入社会生活各领域，短视频、网络直播等应用下沉。2013 年是一个新的分界点。中国网民增速开始低于 10%，走入个位数增长率新周期，2016 年 1 月统计的增长率仅为 2.99%，7 月则进入 1 时代，环比增速为 1.3%。与之相对应的是互联网普及率于 2016 年突破了 50%。这一阶段，网络人口继续增长，但由于网络人口基数庞大，增幅渐缓，中国网民成长模式由高增长率进入高覆盖率阶段。新增网民中，手机网民的数量占绝大多数。《中国互联网发展报告 2022》蓝皮书显示，截至 2022 年 6 月，中国网民规模达 10.51 亿，互联网普及率达到 74.4%，其中，网民中使用手机上网人群占比达到 99.6%。

此外，农村地区通信能力的改善也成为提高中国互联网普及率的重要利好。截至 2022 年 6 月，中国网民中农村网民占比 27.9%，规模达 2.93 亿人，城乡地区互联网普及率的差距进一步缩小。互联网基础设施的完善、网络与实体产业的深度融合、网络服务的持续渗透让更多地区、更多阶层的人群进入网络空间，不断改变网民结构。未来，农村人口、老龄人口和贫困群体依旧是互联网的普及对象和网络人口的增长点。

2013 年至今，随着移动互联网的完善、带有摄像功能的智能手机的普及和“增速降费”政策的落实，互联网应用场景和方式进一步丰富，与现实生活的融合加深，互联网甚至拓展了个人社会生活的时间和空间边界。

在生产和消费模式方面，以打车软件和微信红包为代表的全民参与的网络商业模式兴起。中国网约车最早出现于 2010 年 5 月。在经过一轮又一轮激烈的市场竞争后，2015 年 10 月，滴滴快车成为第一个获得运营网约车

资质的打车软件公司。2016 年，经国务院同意，以交通运输部为首的七部门联合发文，正式颁布《网络预约出组汽车经营服务管理暂行办法》，确定了网约车的合法身份，制定了正式的运行规则。网约车有效解决了资源协调和分配的问题，扩充了就业岗位，为一些暂时未能就业或者希望增加收入的人提供较为灵活、低门槛的就业途径。

2015 年春节，微信、支付宝两大平台之间的“红包大战”让电子红包成为当年春节最火爆的话题。网络支付与线下真实场景的结合顺应了网络支付平台化发展思路，促进了网上支付商业模式和变现途径的创新。收发红包作为中国春节的传统习俗，具有较强的场景特性，伴随着人际关系的构建和维系。红包与网络支付相结合的方式，一方面将商业性的经济行为置于人际互动的背景下，借红包互动传达社群互动和情感交流；另一方面丰富了红包的社会意涵，重塑了人际关系的利益格局。①

2016 年以来，网络直播和短视频业务快速增长，一跃成为国内互联网行业增速最快的领域。网络直播和短视频的形式降低了表达门槛，用户可以以较低的成本发布一些具有互动性、趣味性、真实性和创新性的视频内容，充分实现了表达和创造的需求，将观看者的身份转化为制作者和传播者，继而成为网络内容生态的参与者。

网络直播并不是新鲜事物，从 2005 年开始，以“YY”“9158”为代表的 PC 端秀场直播就初现端倪。在电竞游戏直播的推动下，2014 年，网络直播迎来新的发展机遇期。2016 年是移动直播的元年，用户可以通过手机上的客户端，借助移动互联网随时随地观看移动秀场直播。截至 2017 年 6 月，网络直播用户规模达到 3.43 亿，占网民总体的 45.6%，以秀场直播和游戏直播为主。② 直播还孕育了新型互联网经济形态，一些关注度高、受欢迎的主播可以通过打赏、分成获得高额收入，甚至改变人生轨迹。受到利

① 刘少杰，王建民．中国网络社会研究报告（2016）[M]. 北京：中国人民大学出版社，2016:133.

② 中国互联网络信息中心．第 40 次中国互联网络发展状况统计报告 [EB/OL]. 中国互联网络信息中心 ,(2017-08-03)[2023-01-30].http://www.cnnic.net.cn/n4/2022/0401/c88-1129.html.

益的吸引，资本持续涌入直播行业，斗鱼、花椒等已经具有一定规模的网络直播平台在 2016 年获得大量融资。针对直播中出现的信息劣质、低俗色情等泥沙俱下的问题，国家也从 2016 年底加大对网络直播行业的监管力度。国家网信办于 11 月发布《互联网直播服务管理规定》，推行“主播实名制登记”“黑名单制度”等措施。

从 2017 年起，尤其是 2018 年春节期间，以快手、抖音为代表的短视频应用下沉至三、四线城市，迅速占领市场，用户规模持续扩大。截至 2018 年 6 月，综合各个热门短视频应用，用户规模达到 5.94 亿，占整体网民规模的 74.1%，合并短视频应用的网络视频使用率达到 88.7%，规模达 7.11 亿。[①] 短视频市场的异军突起获得了各方关注，吸引了资本的大量涌入，百度、腾讯、阿里巴巴等互联网巨头持续在短视频领域发力。资本的密集投入也加强了资源整合，提高生产效率，加深了内容生产的专业度与垂直度，PGC（专业生产内容）带动 UGC（用户生产内容）、规模化生产与自主创意并重的短视频市场日趋成熟。

移动互联网的完善、平价国产智能手机的兴起为网络直播、短视频等应用向农村、基层的下沉扩散提供了便利，一个全民直播和短视频的时代已然到来。直播与短视频的流行使得网络交流从“图文时代”步入“视频时代”，重构了信息传播和网络社交模式。现实社会中缺乏媒介话语权的人可以借助全景化的视频信息和较强的互动性，向潜在观众尽情地呈现和表达自己。与传统媒体时代相比，全民参与时代的直播、短视频最显著的变化在于在移动化、个性化、私人化的过程中，所处空间实现了由公共空间向私人领域的转向，“在内容上从对宏大客观事件的报道转向对日常琐事的传播，在技术手段上则由专业化团队运作转到人人借助手机和自拍杆发声”[②]。在商业化力量的驱动下，短视频与其他领域、产业的融合加深。以短

① 中国互联网络信息中心．第 42 次中国互联网络发展状况统计报告 [EB/OL]. 中国互联网络信息中心 ,(2018-08-20)[2023-01-30].http://www.cnnic.net.cn/n4/2022/0401/c88-767.html.

② 袁爱清，孙强．回归与超越：视觉文化心理下的网络直播 [J]. 新闻界，2016(16):54-58.

视频为核心，视频内容生态圈辐射直播、电商、游戏、文学、社交、电影票务等多种服务，带动整个数字娱乐市场上下游产业的繁荣，加剧了以内容为基础的不同生态圈之间的竞争。

三、中国数字经济腾飞

以互联网为代表的信息技术与产业的深度融合也带来了数字经济的腾飞。数字经济赋予信息和数据以经济价值，使其具备了生产要素的性质，可以通过数据的投入达成生产效率的提高，以及资本、财富和权力的积累。数字经济同样改变了劳动者和生产资料的结合方式。数字经济通过改变互联网生态中信息、信息参与者（主体）以及网络信息环境（技术环境和社会环境）的连接和互动方式，将新技术的扁平化、网络化等特性发挥到极致，进而改变了信息的流动模式和资源的结合方式，达到重塑组织结构、优化资源配置、降低沟通成本和提升运行效率，进而在相同单位内产出更高经济效益、推动产业结构升级的目的。

党中央高度重视数字经济发展，将数字经济上升为国家战略。党的十九大提出，推动互联网、大数据、人工智能和实体经济深度融合，建设数字中国、智慧社会。《中华人民共和国国民经济和社会发展第十四个五年规划和 2035 年远景目标纲要》（以下简称“十四五”规划）等国家战略明确提出发展数字经济的目标及任务。党的二十大进一步提出要加快发展数字经济，促进数字经济与实体经济深度融合，打造具有国际竞争力的数字产业集群。[①] 数字经济的发展水平标志一个国家以互联网为代表的网络信息技术运用于国家安全保障、经济发展、技术创新、社会生产力飞跃中的能力，决定一个国家能否在新一轮科技革命和产业变革中占据优势，以及国际网

---

① 习近平．高举中国特色社会主义伟大旗帜为全面建设社会主义现代化国家而团结奋斗——在中国共产党第二十次全国代表大会上的报告 [EB/OL]. 中国政府网 ,(2022-10-25)[2023-02-01].http://www.gov.cn/xinwen/2022-10/25/content_5721685.htm.

络空间中的话语权和影响力，对网络强国战略目标的实现具有重要意义。

（一）数字基础设施建设和数字产业化推进

1. 数字基础设施建设

新型基础设施建设从工业经济时代以“砖 + 水泥”为特征转变为数字经济时代以“信号 + 芯片”为特征，可以高度概括为“云、网、端”三个部分。“云”是指云计算、大数据等在线数据存储、分析、处理的基础设施，是方便、快捷并且低消耗、共享化、集约化、标准化地使用计算资源的渠道。“网”包括人们熟知的互联网和新兴起的物联网等，其承载力不断增强、价值逐渐凸显。数字基础设施的“网”偏重于到达率和覆盖率，实现万物互联。“端”是以各种形式如个人电脑、移动设备、智能可穿戴设备、传感器软件等形式存在的应用，是数据的来源和服务提供的界面。随着云计算、大数据等基础设施不断取得重大突破，互联网、物联网迅速发展与普及，智能终端、应用软件进一步发展壮大，以及投资主体聚集，数字基础设施构成数字经济的坚实基础和动力机制，推动中国迈向一个崭新的数字经济时代。

中国是第一批实现 5G 商用的国家之一，目前在多个方面发展领先。网络建设方面截至 2022 年 7 月，中国已建成全球最大规模的 5G 网络，开通 5G 基站 196.8 万个，所有地级市城区、县城城区和 96% 的乡镇镇区实现 5G 网络覆盖，5G 移动电话用户数全球第一。① 在用户发展方面，中国充分发挥超大规模市场的比较优势，深度激发内需潜力，推动中国 5G 在消费端和产业端双向发力。无论是在工业领域还是消费领域、民生领域，5G 应用赋能效果初步显现，得到深度开发和运用，开拓了许多具备商业价值的典型应用场景。

---

① 王政．数字经济发展跃上新台阶（奋进新征程 建功新时代·非凡十年）[EB/OL]. 人民网，(2022-10-02)[2023-01-30].http://cpc.people.com.cn/n1/2022/1002/c64387-32538727.html.

2. 数字产业化推进

在数字产业化推进方面，中国加强对高新前沿科技和关键数字技术的创新应用，开拓广阔发展空间。“十四五”规划和 2035 年远景目标明确提出，要加强关键数字技术创新应用。聚焦高端芯片、操作系统、人工智能关键算法、传感器等关键领域，加强通用处理器、云计算系统和软件核心技术一体化研发，加快布局量子计算、量子通信、神经芯片、DNA 存储等前沿技术，加强信息科学与生命科学、材料等基础学科的交叉创新。[①] 其中，人工智能技术逐渐成熟并开始在消费级市场运用，中国数字化转型进入 3.0 阶段，即人工智能技术的普及阶段，是我国数字经济高质量发展的关键词之一。

总体来看，当前我国科技整体水平大幅提升，一些重要领域跻身世界先进行列，某些领域正由“跟跑者”向“并行者”“领跑者”转变，但是在核心技术[②]，尤其是核心技术的成果转化方面仍然和世界先进水平有一定差距，存在着受制于人的问题。主要原因在于骨干企业没有形成协同效应，产业链上下游衔接互动不足，没有形成围绕技术创新和产业体系的竞争优势等。

（二）产业数字化转型升级

技术推动下，数字产业与传统产业的融合是数字经济发展的主要方向。数字经济加速向传统产业拓展、渗透，传统行业加大数字化创新的力度，新模式、新业态不断涌现，重塑各行业的生产和服务模式。不同领域的企业在数字技术的作用下可以跨部门和跨行业协作，实现不同商业模式的交融整合，创造全新的商业领域。数字技术对传统产业的改造和融合带来的

① 中华人民共和国国家发展和改革委员会. 中华人民共和国国民经济和社会发展第十四个五年规划和 2035 年远景目标纲要 [EB/OL].(2021-03)[2023-01-30]. https://www.ndrc.gov.cn/xxgk/zcfb/ghwb/202103/P020210323538797779059.pdf.

② 核心技术包括基础技术、通用技术；非对称技术、“杀手锏”技术；前沿技术、颠覆性技术。

效率提升与产出增长，成为不断推动数字经济发展、新旧动能转换的主引擎。除了对传统产业进行改造之外，新型的信息生产、组织、传播模式同样孕育了新的业态，催化虚拟经济繁荣。网络消费内容不断丰富，网络内容消费迅速增长，网络内容产业得到快速发展，迎来发展新风口。传统网络技术与新一代信息技术在产业部门的深度融合与应用所形成的新型技术范式与经济活动也被称为互联网产业。

1. “互联网 +”：传统行业的数字化

《2015 年国务院政府工作报告》首提“互联网 +”概念，引发各方关注。报告指出，制订“互联网＋”行动计划，推动移动互联网、云计算、大数据、物联网等与现代制造业结合，促进电子商务、工业互联网和互联网金融健康发展，引导互联网企业拓展国际市场。“互联网 +”的本质是传统行业的在线化、数字化，在线数据可以在各个主体间以最低的成本流动和交换。“互联网 +”的前提是以互联网为基础设施的全面安装部署。“互联网 +”不是互联网和各个传统行业的简单相加，而是在互联网平台的基础上，综合利用各项新技术实现互联网与传统行业的深度跨界融合，推动各行业的创新和升级，创造新业态，构建新生态。

《2020 年国务院政府工作报告》再次提及“互联网 +”。以前的“互联网 +”以更方便生活、更便捷生产为主要导向，相对更看重经济效益和近期效能，更高级的“互联网 +”应该更有助于激发人的创新活力，推动形成一个不断学习和创新的社会。①

“互联网 +”应用到公安部门，可以打造专属电子政务系统，起到稳定社会治安，高效办理业务的作用；“互联网 +”应用到医疗服务领域，凭借互联网的便捷，医疗服务得到扩展，可以有效缓解群众看病难看病贵的问题；“互联网 +”应用到教育行业，能让更多的人足不出户就能享受到良好

① 崔爽．再次写入政府工作报告！“互联网 +”有了新内涵 [N/OL]. 科技日报 ,(2020-05-27)[2022-12-24].https://baijiahao.baidu.com/s?id=1667829452304356340&wfr=spider&for=pc.2021.04.28.

的教育，拓宽其眼界和知识面；等等。

首先，制造业数字化转型是未来中长期经济增长的新动能。数字化转型推动制造业在生产运营方式、产品服务、资源组织模式、商业模式等方面发生系统深入变革。主要表现在：以数字技术提升企业生产和运营管理水平，数据驱动的产品和数据分析能力为制造企业带来新的价值增长点，通过网络化连接实现制造资源的优化配置等。依托坚实的工业基础与庞大的市场需求，工业互联网蓬勃发展，融合赋能效应日益凸显。工业互联网广泛融入 45 个国民经济大类，涵盖 31 个工业重点门类，渗透至企业研发、生产、销售、服务等各环节。数字化研发、智能化制造、网络化协同、个性化定制、服务化延伸、精益化管理六大模式得到推广，赋能、赋智、赋值作用不断显现。“5G+ 工业互联网”网络建设全面铺开，国内已部署 3.2 万个服务于工业的 5G 基站，虚拟专网、混合专网建设并行推进。应用方面，形成协同研发设计、远程设备操控、设备协同作业等十大场景，在采矿、电子设备制造、装备制造、钢铁、电力五大行业落地实践。数字基础设施提速。高质量外网已覆盖全国 374 个地级行政区，连接 18 万家工业企业，企业内网改造升级同步推进。134 个标识解析二级节点上线运行，标识注册量突破 200 亿。国内涌现出 100 余个具有一定影响力的工业互联网平台，平台连接工业设备总数突破 7300 万台（套）。国家、省、企业三级联动安全监测体系基本建成，态势感知、风险预警和安全服务能力明显增强，服务企业 10.2 万家。①

其次，随着互联网技术、应用、平台、消费链条等的发展，目前中国互联网产业几乎全面覆盖现实生活和居民消费的各项领域。体量巨大的网民数量形成了强大的内需市场，4 亿多中等收入群体为数字产品和服务提供了庞大、多样化的用户群体，激励数字产品和服务创新，提升市场活力，推动互联网领域消费的数字化转型升级。

① 中国互联网协会. 中国互联网发展报告（2022）正式发布 [EB/OL]. 中国互联网协会,(2022-09-14)[2023-01-29].https://www.isc.org.cn/article/13848794657714176.html.

近年来，在消费领域，新技术、新产业、新模式、新业态充分挖掘市场潜力。中国居民消费呈现明显的高端化、智能化、服务化、个性化、绿色化、健康化趋势，消费重点转向新型电子产品、智能家居等物质产品和教育、文化、健康、旅游等现代服务，智能化、数字化生活方式及消费层次不断提高。新一代信息技术对社会生活的嵌入，实现了不同领域资源的互联互通与跨界整合，改变了原有的资源配置方式及经济发展模式。这不仅提高了传统产业的生产效率，加快了虚拟经济与实体经济的联动，而且实现了两者的深度融合，发展成新经济业态。

中国互联网产业在兴盛发展阶段中，呈现出不同阶段的发展特点。例如，早期，2014 年前后，网络理财、网上支付、网上银行等经贸类应用广泛。从 2016 年起，传统行业进入互联网产业的效应凸显，如网上外卖、互联网医疗、旅行预订、网上约车等行业均是将传统中的餐饮、医疗、旅行、用车等实际需求与互联网技术和应用结合，通过实时的信息互动，降低管理成本，实现资源的市场化配置，调动市场积极性。尤其是 2020 年初新冠疫情的出现，互联网应用更多地向教育、办公、医疗等方面发展。2020 年 4 月 28 日，中国互联网络信息中心发布的报告显示，截至 2020 年 3 月，我国在线教育用户规模达 4.23 亿，较 2018 年底增长 110.2%，占网民整体的 46.8%。这也与疫情期间学校有授课实际需求紧密有关。

2. 新兴网络内容产业

网络内容作为一种新型网络信息资源组织模式，结合各类互联网应用已创造极为可观的产业价值。以用户生产内容为核心塑造的互联网内容产业高速成长，社交媒体平台作为内容产业中的主导参与者逐步改造内容生产的相关流程。

自 2018 年开始，网络直播、短视频等产业迅速崛起，这一方面挖掘出用户在互联网上的信息内容消费需求，另一方面是互联网产业新商业模式的创新，将互联网在线形态和互动模式发挥到最大化。全民直播和短视频的时代已然到来，网络交流从“图文时代”步入“视频时代”，重构了信息传播和网络社交模式。在商业化力量的驱动下，短视频与其他领域、产业的融合加深。以短视频为核心，视频内容生态圈带动整个数字娱乐市场上下游产业的繁荣，加剧以内容为基础的不同生态圈之间的竞争。

3. 消费互联网的蓬勃发展

今天，中国互联网产业已经迈向全覆盖阶段，各个领域的互联网产品与应用消费潜力不断发掘，传统产业与互联网的叠加优势明显，尤其是即时通信、网络视频、短视频、网上支付等产业的用户使用率已经达到 80% 以上，呈现出全体网民覆盖的趋势。随着物流配送、在线金融服务、数据资源支撑、协同平台等配套体系不断完善，互联网正在重构商业生态，催生出线上线下融合的新零售等全新零售形态，迎来新型超市、生鲜市场、无人零售等风口，形成全新的商业格局。特别是电子商务、共享经济等服务业数字化发展迅猛，对数字经济增长的贡献巨大。平台模式为产业赋能，促使线性产业链向网状产业生态转变，直播电商、共享员工等新模式、新业态需求激增，在线教育、在线医疗、远程办公等数字服务蓬勃发展。“从门户网站、搜索引擎、社交化网络，到移动应用、电商、游戏与影音视频，再到 O2O、网络直播、移动支付，中国已成长为互联网超级应用大国，围绕消费领域的购物、教育、医疗、出行、娱乐、社交、生活服务等需求建立了庞大的流量分发网络与生态应用体系，深刻改变了普通民众的生活习惯与消费行为。”①

（三）企业数字化转型

在发展数字经济的过程中，我国也涌现出许多有较强创新能力的数字

① 艾瑞咨询 .2019-2020 年中国产业互联网指数报告 [EB/OL]. 艾瑞咨询 ,(2020-07-28)[2022-12-20]. http://report.iresearch.cn/report_pdf.aspx?id=3624.

企业。截至 2021 年 9 月，世界经济论坛（WEF）和麦肯锡咨询公司共同评选出全球 90 家“工业 4.0 时代的灯塔工厂”企业，这些企业代表了全球领先的商业创新能力、智能技术研发与投资能力、数字化转型能力，其中有 31 家工厂所在地位于中国，它们有巨大潜力带动中国数字经济快速发展。这 31 家工厂既有家化、钢铁、汽车等传统行业，也包括光电子、半导体存储器等新兴数字制造业。在科技研发方面，根据世界知识产权组织统计，2021 年，中国仍然是 PCT（专利合作条约）的最大用户，连续第三年位居申请量排行榜首位。从企业 PCT 专利的申请情况来看，全球排名前十的企业中有 3 家来自中国，分别是华为、OPPO 广东移动通信、京东等，其中华为 PCT 专利申请量位列全球第一。

相比大企业作为带动经济高质量发展的中坚力量，中小企业的数字化转型也是释放经济增长潜能的关键，但相比于大企业，中小企业在人才、资金、技术、管理等方面较为落后。在数字经济的背景下，运用数字技术革新生产方式、管理理念，推动可持续发展，已成为当下中小企业面临的核心问题。中央持续关注中小企业发展：2008 年国家发改委等部门联合印发《关于印发强化服务促进中小企业信息化意见的通知》，以公共服务和社会服务带动中小企业信息化投入；2020 年 3 月，工业和信息化部（简称：“工信部”）办公厅印发《中小企业数字化赋能专项行动方案》，助推中小企业通过数字化、网络化、智能化赋能实现复工复产；2020 年 4 月，国家发改委和中央网信办联合印发《关于推进“上云用数赋智”行动 培育新经济发展实施方案》，提出加快企业“上云用数赋智”，尤其要促进中小微企业数字化转型；2020 年 5 月，国家发改委等单位发布《数字化转型伙伴行动倡议》，研究编制中小企业数字化转型指南。中小企业依托“上云用数赋智”行动，开展数字化转型促进中心建设，支持在产业集群、园区等建立公共性数字文化转型促进中心，强化平台、服务商、专家、人才、金融等数字化转型公共服务。国家支持企业建立开放型数字化转型促进中心，面向产业链上下游企业和行业内中小微企业提供需求撮合、转型咨询、解决方案等服务。

四、政府规制与治理赋能

2019年1月，习近平总书记主持十九届中共中央政治局第十二次集体学习时强调，要推动媒体融合向纵深发展，加快构建融为一体、合而为一的全媒体传播格局。[①] 习近平总书记的重要论述为互联网内容建设提供了根本遵循。

媒体格局和舆论生态的深刻变化，要求我们深入把握信息化社会和全媒体时代发展新趋势，坚持把"正能量是总要求、管得住是硬道理、用得好是真本事"的方针贯穿互联网治理实践。一方面，具体表现为党和政府加强对互联网的规制，通过构建科层化的规制体系、完善法律法规、强化法律监督等方式解决网络空间中的失序问题；另一方面将信息科学技术嵌入社会治理，提升治理现代化水平，做大做强主流舆论，形成网上网下同心圆，促进全体人民在理想信念、价值理念、道德观念上紧紧团结在一起，让正能量更强劲、主旋律更高昂。

（一）"正能量"：坚持主流价值观引导，推动媒体融合纵深发展

随着信息技术突飞猛进，人工智能广泛运用，新兴媒体雨后春笋般涌现，每个人手拿"麦克风"成为一种常态。但同时，这也带来了"众声喧哗"，信息内容泥沙俱下、质量良莠不齐的问题。做大做强主流舆论，坚持

① 习近平．加快推动媒体融合发展（2019年1月25日）// 习近平．论党的宣传思想工作[M]．北京：中央文献出版社，2020:353-356.

传统媒体和新兴媒体优势互补、一体发展，形成立体多样、融合发展的现代传播体系，更深入、更广泛、更有效地为党发声，营造天朗气清的网络生态空间，建立具有中国特色的现代传播格局，为实现第二个百年奋斗目标、实现中华民族伟大复兴的中国梦提供强大精神力量和舆论支持。

2014 年 8 月 18 日，中央全面深化改革领导小组第四次会议审议通过《关于推动传统媒体和新兴媒体融合发展的指导意见》，媒体融合成为国家发展规划的重要组成部分。推动传统媒体和新兴媒体融合发展，要遵循新闻传播规律和新兴媒体发展规律，强化互联网思维，坚持传统媒体和新兴媒体优势互补、一体发展，坚持先进技术为支撑、内容建设为根本，推动传统媒体和新兴媒体在内容、渠道、平台、经营、管理等方面的深度融合，着力打造一批形态多样、手段先进、具有竞争力的新型主流媒体，建成几家拥有强大实力和传播力、公信力、影响力的新型媒体集团，形成立体多样、融合发展的现代传播体系。[①] 这是媒体融合发展的要求与目标，同时吹响了全国各级媒体融合发展的集结号。2016 年 7 月，国家新闻出版广电总局（现为国家广播电视总局）出台《关于进一步加快广播电视媒体与新兴媒体融合发展的意见》，明确广电媒体推进融合发展的时间表和路线图，对广电媒体加快发展新媒体起到了重要的指导和推动作用。2016 年 10 月，中央全面深化改革领导小组第二十八次会议审议通过了《关于促进移动互联网健康有序发展的意见》，明确媒体融合发展的移动优先策略，要求主流媒体借助移动传播，牢牢占据舆论引导、思想引领、文化传承、服务人民的传播制高点。2018 年 11 月，中央全面深化改革委员会第五次会议审议通过《关于加强县级融媒体中心建设的意见》，把媒体融合发展延伸拓展到县域基层。

此外，媒体融合发展实践得到业界评奖鼓励支持，如第二十八届中国新闻奖和第十五届长江韬奋奖把网络评论、网页专题、网页设计、短视频、

① 共同为改革想招一起为改革发力 群策群力把各项改革工作抓到位 [N]. 解放军报 ,2014-08-19(1).

融媒直播、融媒栏目等媒体融合产品作为重要评选对象，获奖数量超过总数的五分之一。

中央媒体与各省区市媒体集团在媒体融合发展上，立足当地实际，出台推动媒体融合发展政策措施和支持计划。比如，人民日报首创“中央厨房”媒体融合新模式，通过创新内容采编发流程，新建融媒体工作室，搭建数据化、移动化、智能化的融合云，构建大开放、大协作的全新内容生态环境，形成一套内容生产、传播和运营体系，创作推出一批爆款作品；新华社自主研发推出“快笔小新”机器人写稿系统，发布首个人工智能平台“媒体大脑”，联合搜狗公司推出全球首个 AI 合成主播“新小萌”，在新兴技术应用上取得不小成绩。

各省区市创新推出了各具特色、丰富多样的媒体融合发展渠道和平台。比如，上海东方早报社整体转型，启动澎湃新媒体平台，创造了地方媒体融合发展的典型案例；浙报集团媒体融合采取“互联网 +”多元化运营模式，重构信息传播渠道，建立起“三圈环流”新媒体矩阵；北京以新京报为龙头整合千龙网等打造新的客户端品牌；重庆以华龙网为龙头整合区县融媒体形成客户端矩阵；湖南着重培育红网与“芒果 TV”两大新媒体品牌；江西以赣鄱云为数据中心整合市县媒体资源、提供数据服务平台；等等。

2018 年 8 月，习近平总书记在全国宣传思想工作会议上强调要扎实抓好县级融媒体中心建设，更好引导群众、服务群众。[①] 由此，县级融媒体工作正式上升为国家战略。中央高度重视县级融媒体中心建设，2018 年 11 月中央全面深化改革委员会第五次会议审议通过《关于加强县级融媒体中心建设的意见》。中共中央办公厅、国务院办公厅于 2019 年 5 月印发《数字乡村发展战略纲要》，让县级融媒体中心在数字乡村建设中发挥战略支点作用。

未来，主流媒体的发展不能仅仅局限在互联网新闻服务上，还需要拓

① 习近平 . 自觉承担起新形势下宣传思想工作的使命任务（2018 年 8 月 21 日）// 习近平 . 论党的宣传思想工作 [M]. 北京：中央文献出版社 ,2020:340.

展到互联网信息服务上，通过多元多样的应用服务吸引用户，只有增加用户黏性，才能提高主流媒体平台的实用性、关注度、影响力，牢牢占领并积极开拓网络意识形态阵地。媒体管理者需要秉持更开放的心态，采用灵活方式大胆吸纳有影响力的互联网媒体；同时，除了自筹自办新媒体平台之外，应该积极与现有的有影响力的新媒体平台展开合作，既要造势，也要借势。①

（二）“管得住”：党领导下互联网治理的多元协同模式

互联网的开放、自由、去中心化等技术特征为监管带来难题，互联网失序现象频发，可能扰乱现实社会秩序，危害国家安全，损害公共利益。为了有效解决网络空间中的失范问题，加强对互联网的管理和利用，党中央重视互联网、发展互联网、治理互联网，旗帜鲜明、毫不动摇坚持党管互联网，加强统筹协调涉及政治、经济、文化、社会、军事等领域信息化和网络安全重大问题，作出一系列重大决策、提出一系列重大举措，推动网信事业取得历史性进步。2018 年 4 月，习近平总书记在全国网络安全和信息化工作会议上指出，必须旗帜鲜明、毫不动摇坚持党管互联网，加强党中央对网信工作的集中统一领导，确保网信事业始终沿着正确方向前进；要发挥中央网络安全和信息化委员会决策和统筹协调作用，在关键问题、复杂问题、难点问题上定调、拍板、督促。

2014 年 4 月 27 日，中央网络安全和信息化领导小组成立。2014 年 8 月 26 日，国务院授权重新组建了国家互联网信息办公室。2018 年，中共中央印发了《深化党和国家机构改革方案》，在此次改革中，中央网络安全和信息化领导小组改为中央网络安全和信息化委员会，其办事机构为中央网络安全和信息化委员会办公室（简称“中央网信办”）。国家计算机网络与

① 谢新洲 . 我国媒体融合的困境与出路 [J]. 新闻与写作，2017(1):32-35.

信息安全管理中心，由工信部管理调整为中央网信办管理，负责相关领域重大工作的顶层设计、总体布局、统筹协调、整体推进、督促落实。其下属办事机构中央网信办和国家网信办属于“一套班子，两块牌子”列入中共中央直属机构序列，实现了互联网内容治理核心部门的统一化、一体化。①

当前，我国的互联网治理核心部门是中央网络安全和信息化委员会和国家网信办，两部门。对内协调公安部、文化和旅游部等其他相关部门，逐步形成“1 中央部门 +1 行政机构 +N 协助部门”的政府组织系统，对外联系企业、行业协会等主体，通过起草制定法律法规、组织专项行动、鼓励研发智能技术、开展教育培训等方式履行职能。

《中华人民共和国网络安全法》是我国第一部全面规范网络空间活动的基础性法律，是我国网络空间法治建设的重要里程碑，是依法治网、化解网络风险的法律重器，是让互联网在法治轨道上健康运行的重要保障。②当前，我国已初步形成了以《中华人民共和国网络安全法》为主，以《网络信息内容生态治理规定》《网络表演经营活动管理办法》《互联网信息服务管理办法》《互联网新闻信息服务管理规定》《互联网信息内容管理行政执法程序规定》《互联网用户公众账号信息服务管理规定》《微博客信息服务管理规定》《互联网论坛社区服务管理规定》等为辅助且具有针对性的法律法规体系。

各种因互联网信息服务的普及而出现的网络不良游戏、网络赌博等危害社会秩序稳定的社会现象，让互联网治理主体意识到单一治理主体在治理能力与治理职能方面存在着一定的不足，而更多职能部门也因其在治理权威、资源配置等方面出现“治理瓶颈”而裹足不前。为了解决以上难题，互联网治理机构采取联合行动，对某些互联网突出问题展开专项治理行动，

① 习近平．在全国网络安全和信息化工作会议上的讲话（2018 年 4 月 20 日）// 中共中央党史和文献研究院编．习近平关于网络强国论述摘编 [M]. 北京：中央文献出版社 ,2021:10.

② 谢新洲，李佳伦．中国网络内容管理宏观政策与基本制度发展简史 [J]. 信息资源管理学报，2019，9(3):41-53.

各个治理机构之间的协同合作得到强化，互联网治理机构多元化、协同化的特点更为明显。当前，在党的领导和统一治理目标导向下，从中央、地方到基层政府的互联网治理层次延续中国行政体制的传统模式，形成具有中国特色的立体化互联网治理层次，上下层级之间有着充分的协调互动。与此同时，政府职能部门开始探索与民间机构、行业协会、国际组织、跨国公司、学术机构及专家学者等利益相关方展开合作，对互联网多个领域的重点问题进行协同治理，而这种多元化协同治理模式也逐渐被证明是顺应互联网发展规律的最佳治理模式。

（三）"用得好"：互联网嵌入现代治理体系

2016 年 4 月，习近平总书记在网络安全和信息化工作座谈会上指出，我们提出推进国家治理体系和治理能力现代化，信息是国家治理的重要依据，要发挥其在这个进程中的重要作用；要以信息化推进国家治理体系和治理能力现代化，统筹发展电子政务，构建一体化在线服务平台，分级分类推进新型智慧城市建设，打通信息壁垒，构建全国信息资源共享体系，更好用信息化手段感知社会态势、畅通沟通渠道、辅助科学决策。① 党的十九届五中全会明确提出："加强数字社会、数字政府建设，提升公共服务、社会治理等数字化智能化水平。"党的二十大提出健全网络综合治理体系，推动形成良好网络生态。②

随着我国信息技术的不断发展，互联网已经融入社会运行的肌理中，成为推动社会发展的重要力量。"互联网 +"是信息技术发展的产物，"互联网 + 政务服务"是提高政府服务质量的创新举措，更是转变政府职能的重

① 习近平 . 在网络安全和信息化工作座谈会上的讲话（2016 年 4 月 19 日）// 习近平 . 论党的宣传思想工作 [M]. 北京：中央文献出版社 ,2020:194.

② 习近平 . 高举中国特色社会主义伟大旗帜为全面建设社会主义现代化国家而团结奋斗——在中国共产党第二十次全国代表大会上的报告 [EB/OL]. 中国政府网 ,(2022-10-25)[2023-02-01].http://www.gov.cn/xinwen/2022-10/25/content_5721685.htm.

要手段。将互联网嵌入现代治理体系，打造新型数字基础设施，能够有效地丰富政务服务渠道、提升国家治理效能、创新政府管理和社会治理模式。

机构用新型的“政务新媒体”保持与公众的实时交流互动，重视互联网在舆论监督中的作用。政务新媒体的作用得到了官方的重视，旨在通过对网络空间的积极参与中实现对网民的引导和社会秩序的整合，在社会治理创新、政府信息公开、新闻舆论引导、汇聚民情民智、消解群体隔阂、提升政府形象等方面发挥着不可小觑的作用。

以大数据、云计算、工业互联网、人工智能等新型信息技术为驱动的电子政务、智慧政务有助于缓解地方政府公共服务能力供给不足的问题，推动社会管理手段、管理模式、管理理念创新，实现政府决策科学化、社会治理精准化、公共服务高效化。从数字化到智能化再到智慧化，国家治理逐步从线下向线上线下相结合转变，从掌握少量“样本数据”向掌握海量“全体数据”转变。

数字政府建设与发展迈上新台阶，信息化数字化应用建设提升了政府办事效率和公共服务质量，整合政务信息资源和公共需求，构建信息资源共享体系，实现跨层级、跨地域、跨系统、跨部门、跨业务的协同管理服务。城市规划、建设、管理、运营全生命周期智能化的智慧城市有利于社会危机和风险的统一治理和高效防治，提升“政府—社会”内外部网状化协同能力和问题解决能力。

2020 年 5 月 31 日，国家政务服务平台上线运行一周年，联通 32 个地区和 46 个国务院部门，平台实名注册人数和访问人数分别超过 1 亿和 8 亿人次，总浏览量达到 50 亿人次，为地方部门平台提供数据 80 亿余条。全国政务服务“一张网”有力推动了政府服务向基层、向偏远地区、向弱势群体延伸，切实满足百姓最迫切、最基本的需求，让互联网惠及亿万家庭。

当下，互联网平台凭借其自身的技术能力和用户基础，逐渐占据信息内容服务链和数字营销产业链的关键节点，以“平台生态”为商业版图持续向外拓展功能边界和社会连接。多种资源和服务的聚集，使得平台超越传统意义上的“信息渠道”成为信息内容服务主体，并呈现出跨介质、跨领域、跨行业的影响力，推动社会治理趋向“平台化”逻辑。

互联网平台通过吸附多元主体和多种资源，成为信息内容服务领域的关键基础设施，对国家经济社会发展的作用越发突出。平台以关键的信息内容资源和用户（数据）资源为流通介质，展现出对其他领域或行业的带动能力，贯穿多领域的“超级平台”相继出现。平台广泛连接了网络社交、文化娱乐、电子商务、电子政务、民生服务、公共服务、智慧城市建设等诸多领域，并由此掌握了关键的治理资源（如媒体、内容、数据、技术、人才资源等）。①

数据化是互联网平台最主要的运行机制，数据是平台运行的主要动力与“养料”。平台通过捕捉用户的内容数据和行为数据，建构包括用户画像、行为习惯、利益诉求和社会关系等在内的立体式档案，提升信息内容传播和服务的精准性和有效性。基于数据的服务能更准确地击中用户需求，带动资源流通效率提高，资源管理成本得到有效控制。数据标准化增强资源通用性，促进资源跨领域、部门流动，带动产业链价值延伸。数据分析使实时效果评估成为可能，有利于提高环境分析能力，助推过程监管，促进科学决策。数据作为沟通介质缩短了从治理手段、技术到治理对象、环境之间的作用距离，推动治理重心向基层下沉。②

① 谢新洲，石林.国家治理现代化：互联网平台驱动下的新样态与关键问题[J].新闻与写作，2021(4):5-12.

② 谢新洲，石林.国家治理现代化：互联网平台驱动下的新样态与关键问题[J].新闻与写作，2021(4):5-12.

五、中国应对网络安全问题

在互联网环境下，国家安全与稳定呈现出新变化、新特点，互联网给国家政治安全、经济安全、技术安全、数据安全、意识形态安全等带来风险和挑战。网络安全是国家安全体系中的重要组成部分，“没有网络安全就没有国家安全”①，网络安全与经济社会的稳定运行、人民群众的切身利益密切相关。世界正经历百年未有之大变局，网络空间的竞争尤为激烈，网络安全对于国家安全和社会稳定的意义非常重要。

（一）中国面临的网络安全挑战

随着互联网技术的发展，网络空间与现实空间的联系与融合不断加深，网络主权成为国家政治安全的重要方面，重要基础设施的大规模运行越发依赖安全稳定的网络环境及操作系统，网络文化产品的全球流通使得意识形态输出不断加剧，侵犯用户隐私、网络诈骗、网络恐怖等成为危害社会稳定的突出问题。在日趋激烈的网络空间国际竞争中，网络安全风险及挑战不断增加。当前，我国面临的网络安全形势不容乐观。习近平总书记指出，“网络安全和信息化对一个国家很多领域都是牵一发而动全身的，要认清我们面临的形势和任务，充分认识做好工作的重要性和紧迫性，因势而谋，应势而动，顺势而为”。②

① 习近平．在中央网络安全和信息化领导小组第一次会议上的讲话 [N]. 人民日报 ,2014-02-28(1).

② 引领网信事业发展的思想指南 [N]. 人民日报 ,2018-11-06(5).

1. 政治安全面临网络渗透风险

政治安全是国家安全的根本，是一切国家生存和发展的基础条件。随着互联网和信息技术的发展，政治安全从传统领域拓展到网络空间。网络政治安全问题形式多样，涉及国家政权稳定、政治独立、信息安全等多个领域。网络政治安全风险具有较大的破坏性和危险性，同时具有较高的隐蔽性和渐进性。网络政治安全成为网络安全的重点防范领域。

互联网联通了世界各国和地区，呈现出高度全球化的发展趋势，使得国际社会的联系日渐紧密。在信息传播全球化的背景下，一些国家将互联网视为干涉他国内政的重要渠道，捏造、散布各类谣言及煽动性观点，制造舆论事件，从而为自身政治利益服务，严重侵害了他国的利益，严重危害了他国的安全和稳定。长期以来，美国利用网络渗透手段在多个国家煽动反政府游行、投票，甚至暴力活动，借用“民主”“自由”“人权”等口号引发他国社会混乱，为扶持亲西方势力上台创造有利舆论环境，实现自身政治企图。例如，美国国家民主基金会（NED）通过向亲美个人和团体提供资助，在中东多国煽动颜色革命，是“阿拉伯之春”的重要幕后黑手。

一些国家无视国际关系基本准则，窃取他国重要政治信息，对他国政治安全构成严重危害。近年来，全球监听、窃密等丑闻不断曝出，美国凭借技术优势对本国公民、外国政府及个人开展无差别监听，成为名副其实的“监控帝国”。[①] 美国的大规模监听行为长期存在，“水门事件”“棱镜门”“维基解密”等代表性事件相继曝光。在全球互联网紧密联通的背景下，网络监控有增无减。

2. 经济社会发展面临网络攻击风险

2016 年 4 月，在网络安全和信息化工作座谈会上，习近平总书记指出：

---

① 美国是名副其实的“监控帝国”[EB/OL]. 新华网 ,(2022-07-31)[2023-01-26].http://www.news.cn/world/2022-07/31/c_1128879632.htm, 2022-07-31.

"金融、能源、电力、通信、交通等领域的关键信息基础设施是经济社会运行的神经中枢，是网络安全的重中之重，也是可能遭到重点攻击的目标。"[①] 根据《关键信息基础设施安全保护条例》，关键信息基础设施包括公共通信和信息服务、能源、交通、水利、金融、公共服务、电子政务、国防科技工业等重要行业和领域，以及其他一旦遭到破坏、丧失功能或者数据泄露，可能严重危害国家安全、国计民生、公共利益的重要网络设施和信息系统等。这些领域关系到整个社会的平稳运行，是开展日常生活及生产活动的最基本保障。

长期以来，美国在世界范围内开展"黑客活动"，并将我国作为网络攻击的主要目标之一，对航空航天、科研机构、石油行业、大型互联网公司以及政府机构等开展恶意攻击，破坏我国网络安全与稳定。[②] 中国国家计算机病毒应急处理中心有关西北工业大学遭美国网络攻击的调查报告显示，该网络攻击由美国国家安全局"特定入侵行动办公室"（TAO）发起，长期隐蔽控制西北工业大学的运维管理服务器，通过窃取账号口令、操作记录、系统日志等方式，实现对中国境内基础设施的渗透控制。[③]

美国持续推进全球范围内的基础设施攻击，对重要通信系统等基础设施进行入侵和窃密，并以维护公共安全、开展网络执法为由公然展开对一些关键领域的接入和监测活动。国家计算机网络应急技术处理协调中心发布的报告显示，2021 年上半年捕获恶意程序样本数量约 2307 万个，日均传播次数达 582 万余次，美国、印度、日本等国是恶意程序的主要境外来源，与此同时，美国控制我国境内主机数量约 314.5 万台。[④] 目前我国各类基础

---

① 引领网信事业发展的思想指南 [N]. 人民日报 ,2018-11-06(5).

② 美国是全球网络安全的公害 [EB/OL]. 新华网 ,(2022-10-02)[2023-01-26].http://www.news.cn/world/2022-10/02/c_1129048182.htm.

③ 西北工业大学遭美国 NSA 网络攻击事件调查报告（之二）[EB/OL]. 国家计算机病毒应急处理中心 ,(2022-09-27)[2023-01-26].https://www.cverc.org.cn/head/zhaiyao/news20220927-NPU2.htm.

④ 2021 年上半年我国互联网网络安全监测数据分析报告 [EB/OL]. 国家计算机网络应急技术处理协调中心 ,(2021-07)[2023-01-26].https://www.cert.org.cn/publish/main/upload/File/first-half%20%20year%20cyberseurity%20report%202021.pdf.

信息及工业控制系统仍然面临着互联网暴露的风险，各类高危漏洞有可能成为网络攻击的目标和对象。由此可见，我国面临的网络攻击风险较为严峻，必须加强全天候、全方位的安全预警及检测，强化关键基础设施防护，筑牢网络安全防线。

3. 网络意识形态面临风险

信息流通无国界，网络空间有硝烟。互联网日益成为意识形态斗争的主阵地、主战场、最前沿。[①] 随着社交媒体的发展，互联网越发成为信息传播、公共讨论和观点交流的重要空间，网络信息和观点丰富多样却也鱼龙混杂，存在着不良信息滋生和扩散的隐患。网络文化产品形式多样，网络文化的全球化传播为一些国家的文化输出和渗透行为提供了渠道。

当前，我国网络意识形态安全遭受西方舆论攻击、价值观灌输、文化产品渗透等冲击，网络意识形态安全形势严峻。网络谣言造成信息误导，引发社会情绪波动和混乱；淫秽、暴力、颓废、迷信等网络低俗内容违背社会主义核心价值观，违背社会风尚，侵蚀青少年身心健康；极端民族主义、历史虚无主义言论通过网络传播，诋毁中华优秀传统文化；各类以“自由”“民主”等为包装的个人主义价值通过文化产品不断渗透，误导价值取向，危害我国文化安全。

随着社交媒体的国际化的发展和应用，西方国家利用网络开展文化渗透行为越发频繁。自 2008 年起，美国国务院民主人权暨劳工局已经投入巨额资金推进“网络人权”[②]，借用互联网媒介操纵新闻信息，传播“中国威胁论”，企图否定社会主义制度，引发社会思想的混乱。新冠疫情以来，西方国家借助“自由”“民主”等概念批判中国抗疫政策，持续挑拨网络舆论，试图引发国内民众的不满情绪。与此同时，西方文化产业输出越发强势，

① 习近平．在全国网络安全和信息化工作会议上的讲话（2018 年 4 月 20 日）// 中共中央党史和文献研究院编．习近平关于网络强国论述摘编 [M]. 北京：中央文献出版社 ,2021:55.

② 李士珍，曹渊清，杨丽君．警惕西方对我国的文化渗透 [J]. 前线 ,2018(4):111.

在互联网环境下更显其传播力和影响力。一些西方文化产品无形中传达着消费主义、享乐主义等错误价值观，潜移默化地对社会主义核心价值观、中华优秀传统文化造成冲击。

4. 网络恐怖主义及犯罪危害国家安全

互联网的隐匿性为犯罪活动提供了“温床”。近年来，宗教极端势力、暴力恐怖势力、民族分裂势力抬头，利用互联网招募成员、传播恐怖思想、煽动恐怖情绪、实施恐怖活动，并借助互联网传播力扩大自身影响、制造轰动效应，严重危害了我国国家安全、政治稳定和社会安定。网络恐怖主义的危害性日益突出，防范和打击网络恐怖主义成为维护国家网络安全的重要内容。

网络犯罪活动日益猖獗，网络诈骗、网络赌博、网络金融犯罪、网络诽谤、“网络水军”恶意窃取个人信息、黑客、窃听窃照、利用互联网制作传播淫秽色情信息或组织卖淫活动、利用互联网实施暴力等行为屡禁不止，对人民群众的生命财产安全及切身利益造成严重危害。据我国最高人民检察院统计，2020 年全国检察机关起诉涉嫌网络犯罪 14.2 万人，同比上升 47.9%。[①] 犯罪手段在互联网技术快速迭代下花样翻新，为网络犯罪持续“输血供粮”的地下黑灰产业逐步形成，网络犯罪集团化、跨境化趋势加剧，为打击网络违法犯罪、整治网络乱象带来挑战。

（二）构建现代化网络安全体系

习近平总书记在二十大报告中强调，推进国家安全体系和能力现代化，坚决维护国家安全和社会稳定[②]。网络安全是新时代国家安全的重要命题，

① 最高人民检察院 . 去年起诉涉嫌网络犯罪人数上升近五成 [EB/OL]. 最高人民检察院 ,(2021-04-07)[2023-01-26].https://www.spp.gov.cn/spp/xwfbh/wsfbt/202104/t20210407_514984.shtml#1.

② 习近平 . 高举中国特色社会主义伟大旗帜为全面建设社会主义现代化国家而团结奋斗——在中国共产党第二十次全国代表大会上的报告 [EB/OL]. 中国政府网 ,(2022-10-25)[2023-02-01].http://www.gov.cn/xinwen/2022-10/25/content_5721685.htm.

关系到政治安全、经济安全、社会安全、科技安全、新型领域安全等重点领域。针对当前网络空间存在的困难和挑战，我国必须建立自主可控、稳健有力的网络安全体系，从制度、技术、话语、国际合作等方面协同推进，加快构建现代化网络安全体系，促进新安全格局的形成，以适应新发展格局的需要。长期以来，我国高度重视网络安全问题，不断推进完善网络安全体系建设，在建立健全制度体系、提升技术水平、构建话语体系和推进国际合作等方面取得了诸多重要成果。

1. 健全网络安全制度体系

我国始终重视网络安全制度建设，不断完善网络安全制度体系，为维护网络空间安全提供了重要制度保证。

从法治层面来看，我国在接入互联网初期便着力对计算机网络安全加以规制，相继出台了《中华人民共和国计算机信息系统安全保护条例》《中华人民共和国计算机信息网络国际联网管理暂行规定》《中华人民共和国电信条例》《互联网信息服务管理办法》等法规，对电信领域的经营、服务、使用等问题进行规范，将计算机信息系统安全纳入法治化领域。从2012年开始，网络信息安全越发成为我国网络空间安全战略的重点关注领域，2012年12月，第十一届全国人大常委会第三十次会议通过《关于加强网络信息保护的决定》，要求网络服务提供者保护公民个人电子信息及信息安全，明确规定任何组织和个人不得窃取或者以其他非法方式获取公民个人电子信息。2016年，我国颁布了网络安全领域的基本法——《中华人民共和国网络安全法》，开启了网络安全法治化工作的新阶段，为网络安全与信息化工作以及网络安全保障体系和能力建设提供了法律保障。此后，我国网络安全立法工作持续推进，逐渐向数据安全、信息安全、基础设施保护等细分领域延伸，颁布了《中华人民共和国数据安全法》《中华人民共和国个人信息保护法》《关键信息基础设施安全保护条例》等法规，形成了较为全面的网络安全法律法规体系。

从战略层面来看，2016 年 12 月，国家网信办发布了《国家网络空间安全战略》（以下简称《战略》），清晰指出我国网络安全所面临的风险与挑战，明确提出我国网络空间安全的目标、原则和战略任务。《战略》指出，我国网络安全要以总体国家安全观为指导，推进网络空间和平、安全、开放、合作、有序，维护国家主权、安全、发展利益，实现建设网络强国的战略目标。① 在此发展目标的指引下，我国不断强化网络安全防范工作：呼吁国际网络空间和平，抑制网络军备竞赛和信息技术滥用；健全技术装备体系，提升安全维护能力和社会网络安全意识；倡导透明、开放的信息市场和技术标准，推进各国公平参与网络空间治理；推进技术合作以及世界范围内的网络恐怖和网络犯罪打击工作；保护公民的网络参与、知情和表达权，提升网络空间治理能力和治理水平。②

2. 强化网络安全技术体系

核心技术是国之重器，也是我国网络安全最大的“命门”。不掌握核心技术，网络强国就会成为空中楼阁。2016 年 4 月，习近平总书记在网络安全和信息化工作座谈会上指出，我们要掌握我国互联网发展主动权，保障互联网安全、国家安全，就必须突破核心技术这个难题……③ 我国将信息领域核心技术提升至战略层面，高度关注并努力促进核心技术突破与创新。长期以来，我国形成了以创新为驱动的发展战略，从政策支持、人才培养和战略规划等方面合力推进自主创新能力建设。在互联网及信息技术领域，我国着力强调核心技术突破，将实现关键核心技术自主可控作为战略使命，提出了核心技术需要着重把握的三个方面：基础技术、通用技术，非对称技

① 国家互联网信息办公室 .《国家网络空间安全战略》全文 [EB/OL]. (2016-12-27)[2023-01-18], http://www.cac.gov.cn/2016-12/27/c_1120195926.htm.

② 国家互联网信息办公室 .《国家网络空间安全战略》全文 [EB/OL]. 中国网信网 ,(2016-12-27)[2023-01-29].http://www.cac.gov.cn/2016-12/27/c_1120195926.htm.

③ 习近平 . 在网络安全和信息化工作座谈会上的讲话（2016 年 4 月 19 日）// 习近平 . 论党的宣传思想工作 [M]. 北京：中央文献出版社 ,2020:197.

术、“杀手锏”技术，前沿技术、颠覆性技术。

党的十八大以来，我国网络安全屏障不断巩固，网络安全技术和产业蓬勃发展。目前，我国基本建立了网络安全技术体系，关键核心技术不断取得突破。截至 2021 年，我国已经建成全球最大 5G 网络，基站总量占全球 60% 以上，IPv6 地址资源总量位居全球第一，算力基础设施建设全面提速，算力规模位居全球第二，实现了较高水平的网络基础设施建设。① 我国数字技术体系不断完善，人工智能、云计算、大数据等新兴技术跻身全球第一梯队，华为、中科院、阿里巴巴等企业和科研机构相继推出盘古、紫东太初、M6 等超大规模预训练模型，② 为人工智能技术的开发提供有力支持。与此同时，我国网络安全产业稳步发展，数据显示，2021 年我国网络安全整体产业规模约 2002.5 亿元，增速约为 15.8%，产业规模不断增长，进入发展“快车道”。③ 伴随网络安全产业的发展，相关技术产品体系也不断演进，技术产品布局不断优化：传统安全技术产品实现能力升级，新兴场景安全能力适配水平提升，人工智能、大数据、区块链等新兴技术在网络安全领域的应用得到深入探索，基于云模式的集约化平台逐渐形成，零信任、可信计算等前沿领域的技术攻关持续开展。④

3. 构建国际网络空间话语体系

网络安全体系建设不仅需要制度支撑和技术支持，还需要从话语、舆论等层面入手，维护网络意识形态安全，加强网络内容建设，推进网络内容治理，把握网络舆论引导主动权，提升国际传播效能。

---

① 中国互联网协会 . 中国互联网发展报告（2022）正式发布 [EB/OL]. 中国互联网协会 ,(2022-09-14)[2023-01-29].https://www.isc.org.cn/article/13848794657714176.html.

② 中国互联网协会 . 中国互联网发展报告（2022）正式发布 [EB/OL]. 中国互联网协会 ,(2022-09-14)[2023-01-29].https://www.isc.org.cn/article/13848794657714176.html.

③ 苏晓 . 网络安全产业发展进入快车道 [EB/OL]. 新华网 ,(2022-02-15)[2023-01-29]. http://www.xinhuanet.com/techpro/20220215/bbe81ec4910a424896a0725a6f2123b5/c.html.

④ 中国信息通信研究院 . 中国网络安全产业白皮书 [EB/OL].(2022-02-15)[2023-01-29]. http://www.199it.com/archives/1384744.html.

掌控网络意识形态主导权，就是维护国家的主权、安全和发展利益的重要体现。把网络意识形态工作作为意识形态工作的重中之重，加强党对网络意识形态工作的全面领导，严格落实网络意识形态工作责任制，建立健全网络重大突发敏感舆情预警与应急处理、网络不良信息举报处置与辟谣等工作机制，有力维护意识形态安全和政治安全。[①] 我国积极推进新型主流媒体建设，大力推动媒体融合发展。2014 年 8 月，中央全面深化改革领导小组第四次会议审议通过了《关于推动传统媒体和新兴媒体融合发展的指导意见》；2020 年 9 月，中共中央办公厅、国务院办公厅印发了《关于加快推进媒体深度融合发展的意见》；等等。这些文件的出台，促进了舆论宣传工作适应互联网传播规律和要求，增强了主流媒体的网络传播影响力，加快构建了网络主流舆论阵地。

我国逐步建立和完善涵盖领导管理、正能量传播、内容管控、社会协同、网络法治、技术治网等各方面的网络综合治理体系，推动网络治理由事后管理向过程治理转变、多头管理向协同治理转变，实现线上线下一体化治理，[②] 营造天朗气清的网络空间。近几年，国家网信办开展“清朗”系列等专项治理行动，严厉打击网络违法犯罪，整治网上有害内容和网络乱象，打造积极向上的互联网内容生态。此外，我国通过召开网络文明大会，各地积极开展网络文明建设和评选活动，树立网络文明风尚，开展网络安全宣传教育活动，提升全民网络安全意识和技能。

我国网络文化产品国际影响力日益提升，各类影视、游戏、动漫作品通过互联网走向海外，成为传播中华文化的重要载体。目前，由上海米哈游网络科技股份有限公司制作出品的动漫游戏《原神》已在全球 175 个国家和地区上线，并获得 The Game Awards（TGA）2021 年度最佳移动游戏大奖，游戏运用传统戏曲、诗词等元素进行人物画面设计，在国际游戏市

① 中央网信办：加强党的领导 切实维护网络意识形态安全 [EB/OL]. 央视新闻百家号 ,(2022-08-19)[2023-01-29].https://baijiahao.baidu.com/s?id=1741593125928613419&wfr=spider&for=pc.

② 中央网信办：加强党的领导 切实维护网络意识形态安全 [EB/OL]. 央视新闻百家号 ,(2022-08-19)[2023-01-29].https://baijiahao.baidu.com/s?id=1741593125928613419&wfr=spider&for=pc.

场掀起中国风潮，吸引大量海外用户对中国传统戏曲的关注。[①] 我国网络文化的对外传播内容不断丰富，吸引力和创新力不断增强，国际网络空间的文化影响力不断增强，为提升我国国际传播效能提供了有力支撑。

4. 推进国际网络安全合作体系

我国坚持在相互尊重、相互信任的基础上加强国际网络空间对话合作，推动互联网全球治理体系的变革。2022 年 11 月 7 日，国务院新闻办公室发布《携手构建网络空间命运共同体》白皮书，分享中国推动构建网络空间命运共同体的积极成果。白皮书指出，维护网络安全是国际社会的共同责任，中国积极履行国际责任，深化网络安全应急响应国际合作，与国际社会携手提高数据安全和个人信息保护合作水平，共同打击网络犯罪和网络恐怖主义。[②]

我国积极推进国际网络安全领域合作，与印度尼西亚、泰国等国家签署网络安全领域合作谅解备忘录；推进金砖国家网络安全合作，于 2017 年达成《金砖国家网络安全务实合作路线图》。截至 2021 年，我国已与 81 个国家和地区的 274 个计算机应急响应组织建立了"CNCERT 国际合作伙伴"关系，建立了"中国—东盟网络安全交流培训中心"，[③] 在世界范围内建立和拓展网络安全合作体系，与世界各国一道共同防范网络安全风险。

与此同时，我国努力推动全球数据安全治理工作，加强个人信息保护。我国积极参与制定全球数据安全保护框架，于 2020 年 9 月发布《全球数据安全倡议》；积极开展与中亚国家的数据安全领域合作，2022 年 6 月，"中国 + 中亚五国"外长第三次会晤通过了《"中国 + 中亚五国"数据安全合

---

① "新文化符号"出海，<原神>掀起海外京剧热 [EB/OL]. 中国新闻网 ,(2022-01-06)[2023-01-29]. http://www.chinanews.com.cn/cul/2022/01-06/9645275.shtml.

② 国务院新闻办公室 . 携手构建网络空间命运共同体白皮书 [EB/OL]. 国新网 ,(2022-11-07)[2023-01-29].http://www.scio.gov.cn/zfbps/32832/Document/1732898/1732898.htm.

③ 中国网络空间研究院国际治理研究所 . 为世界和平发展与人类文明进步贡献智慧和力量——我国网络空间国际交流合作领域发展成就与变革 [J]. 中国网信，2022(10)：57-61.

作倡议》，推动全球数据安全合作取得实质性进展。另外，我国始终支持打击网络犯罪，与世界各国共同打击网络恐怖主义，签署《上海合作组织成员国元首阿斯塔纳宣言》《上海合作组织成员国元首关于共同打击国际恐怖主义的声明》等文件，就网络安全领域展开国际合作与交流，建立国际网络安全合作体系。

六、中国特色互联网思想

互联网是20世纪人类伟大的发明之一，当前已经渗透到经济社会各个领域，极大提升人了类认识世界和改造世界的能力。互联网思想是人类对互联网自身及其与经济社会各领域各方面相互关系的理性思考和规律认识，大致可分为三个层面：工具层面、结构层面和价值层面。我国接入国际互联网近30年来，正确处理安全和发展、开放和自主、管理和服务的关系，推动互联网发展取得世界瞩目的成就，在以上三个层面初步形成了具有鲜明特色的中国互联网思想。党的十九大、二十大报告中有多处涉及互联网的内容，彰显了习近平新时代中国特色社会主义思想对互联网发展规律的深刻认识和科学把握。

当今世界正处在互联网飞速发展的历史进程中，互联网思想也随之不断演进和发展。中国互联网思想顺应世界互联网发展潮流，植根于中国发展实践，既有突出的开放性和包容性，又有鲜明的本土性和创新性。面向未来，中国互联网思想将不断丰富和发展，日益彰显出自身的特色和优势，在推动中国式现代化建设和中华民族伟大复兴的进程中发挥重要的作用，为东西方思想文化的交流融合乃至人类文明发展作出新的重大贡献。①

（一）协调包容的发展观

互联网具有广泛的联系性和强劲的渗透性，正在加速融入人类生产生

① 谢新洲．中国互联网思想的特色与贡献 [N]. 人民日报 .2017-11-13（7）.

活的方方面面。在这一过程中，互联网的属性也逐渐丰富，除了技术属性之外，其媒体属性、社交属性、产业属性、政治属性、文化属性等日益显现。互联网的这种裂变式、革命性发展，要求我们必须正确处理互联网各种属性之间的关系，如技术创新与维护安全、保障自由与构建秩序、信息共享与隐私保护、资源汇聚与数字鸿沟、开放合作与自主可控等，同时要正确处理互联网与传统生产力、生产关系之间的关系，如传统经济与数字经济、传统媒体与新媒体、传统安全与非传统安全、本土文化与网络新兴思潮等。对这些问题，西方互联网思想不仅未能给出有效答案，而且其提出的一些方法和原则有误导广大发展中国家之嫌。比如，西方国家凭借技术和话语优势在全球鼓吹所谓的"网络自由"，不仅没有推动一些主权国家通过互联网走向更加民主的文明社会，反而导致其网络秩序失控，造成思想混乱和社会动荡。

中国在推动互联网发展过程中，坚持积极利用、科学发展、依法管理和确保安全的方针，加强信息基础设施建设，发展网络经济，推进信息惠民。与之相适应，中国互联网思想呈现出鲜明的协调性、包容性，表现出积极、审慎、稳妥的特点，体现了兴利去弊、扬长避短、为我所用的思想理念。比如，在互联网传播方面，中国本着对社会负责、对人民负责的态度，依法加强网络空间治理、加强网络内容建设，培育积极健康、向上向善的网络文化，坚决制止和打击利用网络鼓吹推翻国家政权、煽动宗教极端主义、宣扬民族分裂思想、教唆暴力恐怖活动等不法行为，坚决管控利用网络进行欺诈活动、散布色情材料、进行人身攻击、兜售非法物品等；在互联网技术方面，围绕国家亟须突破的核心技术集中力量办大事，积极推动核心技术成果转化，推动强强联合与协同攻关，同时加快构建关键信息基础设施安全保障体系，增强网络安全防御能力和威慑能力；在互联网经济方面，对新产业、新模式、新业态给予支持，对互联网商业模式创新带来的影响给予包容并加以规范，同时正确处理新生事物与传统事物之间的关系，通过实施"互联网 +"行动计划、大数据战略、媒体融合战略等，实现互联网与中国经济社会的有机融合。

正是秉持协调包容的发展观，中国正确处理了本土与外来、自主与开放、发展与安全等关系，不仅为平等、公开、参与、分享等互联网思维在中国的发展奠定了良好基础，也为中国互联网的创新发展提供了根本方法论。可以说，如果没有协调包容的发展观，中国就不会有互联网的加速普及和相关企业的快速壮大，也不会有近 30 年来取得的巨大成就。[①]

（二）多元互动的治理观

过去，人们主要通过报纸、广播、电视等传统媒介获取新闻信息。这些信息渠道比较单一，传播方向也是单向的，读者只能被动接受。互联网的飞速发展推动人类传播方式发生深刻变革，日益成为覆盖广泛、快捷高效、影响巨大、发展势头强劲的大众媒介。今天，网络空间几乎覆盖全球所有国家和人口。人们通过博客、网络论坛（BBS）、社交媒体、即时通信工具、问答式系统等各种各样的方式聚集在网上，浏览所需要的信息，讨论感兴趣的话题，获取相关的服务。同时，人们也在互联网上表达社情民意和利益诉求，参与社会和政治生活，开展舆论监督等。因此，网络空间日益成为一种重要的、由全体社会成员共建共享的公共空间。不言而喻，维护网络空间的良好秩序也必然成为公共利益之所在。

互联网已经成为人们学习、工作、生活的新空间和获取公共服务的新平台。亿万网民在互联网上获得信息、交流信息。网络参与成为丰富民主形式、拓宽民主渠道的新途径，对于保障公民的知情权、参与权、表达权和监督权起着不可替代的作用，也进一步推动政府加快实行政务公开、决策公开，增强了政治透明度。

从这个意义上说，互联网带来治理变革，推动网络空间治理从单一主

① 谢新洲．中国互联网思想的特色与贡献 [N]. 人民日报 .2017-11-13（7）.

体的政府管理向多元互动的综合治理转变。这是中国网络空间治理的必由之路，更是国家治理体系和治理能力现代化的必然要求。互联网正在成为党和政府同群众交流沟通的新平台，成为了解群众、贴近群众、为群众排忧解难的新途径，成为发扬人民民主、接受人民监督的新渠道。对党和政府来说，网络治理是国家治理体系和治理能力现代化的重要领域，是建设法治型、服务型政府的重要方面。党和政府有关部门必须牢牢坚持意识形态工作领导权，加强互联网内容建设，建立网络综合治理体系，营造清朗的网络空间；必须坚持走网上群众路线，群众在哪儿，党员干部就到哪儿。这就要求党员、干部经常上网看看，了解群众所思所愿，收集好想法、好建议，积极回应网民关切、解疑释惑，通过网络了解民意，加快推动政府决策的透明化、科学化、民主化。对社会来说，公民、企业、非政府组织、研究机构、技术社群等各方主体都应当参与到治理中，企业积极履行社会责任，行业组织充分发挥自律作用，社会公众积极建言献策、开展网络监督和网络问政，与党和政府形成有机配合与互动。中国互联网治理日益呈现出的党委领导、政府主导、多方参与、良性互动、协同治理的理念和格局，科学回答了在中国这个网络大国如何凝聚共识、构建网上网下同心圆的重大课题。[①]

（三）融合共生的空间观

网络空间是人类生活的新空间，也为人类思想激荡融合、砥砺创新拓展了新领域。中华文化历来倡导“和实生物，同则不继”，认为多元思想文化能在交流碰撞中实现融合共生，不断开辟新的精神世界。新中国成立后，我们党始终不渝地推动文化强国建设。特别是党的十八大以来，以习近平同志为核心的党中央在新的时代条件下积极传承和弘扬中华优秀传统文化，

① 谢新洲．中国互联网思想的特色与贡献 [N]. 人民日报 .2017-11-13（7）.

推动中华文化的创造性转化和创新性发展，把既继承优秀传统文化又弘扬时代精神、既立足本国又面向世界的当代中国文化创新成果传播出去。

互联网成为当代中国向世界系统传递科学理念和思想的先行领域之一。中国互联网思想呈现出明显的创新特征并在全球产生广泛影响，为世界互联网发展贡献了重要智慧。特别是习近平总书记提出全球互联网治理的“四项原则”“五点主张”，为国际社会应对互联网带来的机遇和挑战贡献了中国方案。中国互联网思想在世界观和价值观方面超越了西方，呈现出独特的文化主体性。中国互联网的庞大市场和显著成就，也为中国互联网思想的国际化提供了强有力的自信。比如，中国倡导的网络主权思想是国家主权理论的创造性发展，彰显了鲜明的主权平等观念，是对网络霸权主义和单边主义的有力回击，顺应了大多数国家特别是广大发展中国家对维护网络空间主权、安全、发展利益的期待。又如，中华文化历来具有鲜明的实践性，传统文化中的“经世济用”思想与互联网创新创业的现实需求相结合，形成具有中国特色的市场观念、实践精神和创新意识，引发共享单车、移动支付、电子商务等互联网应用服务迅猛发展，既创造了经济价值，又创造了社会效益。

特别值得强调的是，网络空间命运共同体思想是中华文化创新运用于网络空间的全球化理论。面对事物固有的内在矛盾，中华文化历来倡导和谐之道，从人与自然的“天人合一”、人与己身的“致中和”、人与人相处的“以和为贵”，再延伸到“协和万邦”的天下观，都充分体现了“和而不同”“求同存异”的融合共生理念。网络空间命运共同体思想从全人类共同福祉出发，立足和平与发展，突出互联网你中有我、我中有你的广泛联系特征和互联互通、共享共治的发展趋势，体现了中华文化的精髓和智慧。这一立足中国、走向世界的互联网思想，顺应了世界大多数国家和人民的共同期待，正在日益成为国际社会的共识。①

① 谢新洲．中国互联网思想的特色与贡献 [N]. 人民日报 .2017-11-13（7）.

（四）具有中国特色的网络强国思想

着眼于互联网日益凸显的社会影响和战略价值，习近平总书记关于网络强国的重要思想，科学回答了为什么要建设网络强国、如何建设网络强国等问题，为我国网络发展治理提供了根本遵循、指明了前进方向，具有十分丰富的理论内涵。

综合统筹的网络发展治理观。习近平总书记运用系统思维和战略思维对网络发展治理进行深入阐述，形成了综合统筹的网络发展治理观。综合统筹的网络发展治理观要求从国际国内大势出发，在网络发展治理中树立大局观、注重整体性，统筹各方、创新发展；成立中央网络安全和信息化领导小组，领导协调各个领域的网络安全和信息化重大问题，是综合统筹的网络发展治理观的集中体现。同时，习近平总书记强调“网络安全和信息化是一体之两翼、驱动之双轮，必须统一谋划、统一部署、统一推进、统一实施”。① 这也是综合统筹的网络发展治理观的重要体现。

人民中心论。习近平总书记在网络安全和信息化工作座谈会上强调：“网信事业要发展，必须贯彻以人民为中心的发展思想。”“要适应人民期待和需求，加快信息化服务普及，降低应用成本，为老百姓提供用得上、用得起、用得好的信息服务，让亿万人民在共享互联网发展成果上有更多获得感。”② 坚持以人民为中心建设网络强国，就要做到网络发展为了人民、网络安全为了人民、网络治理为了人民。

核心技术“命门”论。在网络安全和信息化工作座谈会上，习近平总书记指出：“互联网核心技术是我们最大的‘命门’，核心技术受制于人是我们

---

① 陈鲸．为网络安全保驾护航 [N]. 人民日报，2021-11-05(9).

② 习近平．在网络安全和信息化工作座谈会上的讲话（2016 年 4 月 19 日）// 习近平．论党的宣传思想工作 [M]. 北京：中央文献出版社 ,2020:193.

最大的隐患。”[①] 因此，发展互联网技术尤其是核心技术是建设网络强国的关键。习近平总书记的一系列重要论述深刻阐述了互联网核心技术在网信事业发展中的中心地位、什么是互联网核心技术、如何尽快在互联网核心技术上取得突破等重大问题。

经济动力论。习近平总书记指出：“世界经济加速向以网络信息技术产业为重要内容的经济活动转变。我们要把握这一历史契机，以信息化培育新动能，用新动能推动新发展。”[②] 立足新发展阶段，贯彻新发展理念，构建新发展格局，推动高质量发展，我们要加强信息基础设施建设，推动互联网和实体经济深度融合，加快传统产业数字化、智能化，做大做强数字经济，拓展经济发展新空间。

同心圆理论。习近平总书记在网络安全和信息化工作座谈会上强调指出：“为了实现我们的目标，网上网下要形成同心圆。什么是同心圆？就是在党的领导下，动员全国各族人民，调动各方面积极性，共同为实现中华民族伟大复兴的中国梦而奋斗。”[③] 同心圆理论为建设网络良好生态、发挥网络引导舆论和反映民意的作用提供了根本遵循。

构建网络空间命运共同体理念。习近平总书记强调：“互联网发展是无国界、无边界的，利用好、发展好、治理好互联网必须深化网络空间国际合作，携手构建网络空间命运共同体。”[④] 为此，习近平总书记提出了全球互联网发展治理的“四项原则”和“五点主张”，赢得了世界绝大多数国家赞同。

（五）形成中国特色的网络文明

技术并不是中立的，技术的开发、应用及创新的过程必然嵌入某种人

① 习近平．在网络安全和信息化工作座谈会上的讲话（2016 年 4 月 19 日）// 习近平．论党的宣传思想工作 [M]. 北京：中央文献出版社 ,2020:197.

② 加快推进网络信息技术自主创新 朝着建设网络强国目标不懈努力 [N]. 人民日报，2016-10-10(1).

③ 习近平．在网络安全和信息化工作座谈会上的讲话（2016 年 4 月 19 日）// 习近平．论党的宣传思想工作 [M]. 北京：中央文献出版社 ,2020:195.

④ 开启网络强国战略新征程 [N]. 人民日报 ,2018-11-04(4).

类价值，通过技术与社会的互动，这些被嵌入的价值会通过制度、经济、文化等方面表现出来，形成不同的文明体系。互联网在中国的跨越式发展，对人的思想和行为具有深远的影响，中西方的价值张力激发国人重寻文化主体性与文化自信。随着互联网在中国的落地与本土化发展，形成了具有中国特色的网络文明建设道路。

尊重国家网络主权，坚持党的全面领导。在指导思想与原则方面，我国网络文明建设以习近平新时代中国特色社会主义思想为指导，以习近平总书记关于网络强国的重要思想和关于精神文明建设的重要论述为行动指南，对外尊重网络主权，对内坚持党的全面领导。网络空间成为继陆海空天之外的第五空间，网络主权概念的提出，是国家主权概念在网络时代的延伸与发展。互联网虽然无边界，但是信息基础设施、网民、网络公司都有国家属性。网络文明在一个国家得以萌芽以及自由发展的前提，是国家网络主权的保证和捍卫。牢牢掌握网络意识形态的主导权，就是维护国家主权、安全和发展利益的重要体现。

维护意识形态安全，促进数字经济发展。我国网络文明建设以统筹安全与发展为目标。一方面，通过媒体融合战略加强阵地建设，维护网络意识形态安全，以目标为导向，布局“中央、省、市、县”四级融合发展，打造新型主流媒体，推进网络内容建设，正面引导舆论，传播网络正能量，夯实共同思想政治基础。另一方面，牢牢把握新一轮科技革命和产业革命的机遇，通过实施网络强国、“互联网+”以及大数据战略等，优化产业结构，将数据作为生产要素纳入收益分配，推进产业数字化升级，促进互联网与社会生产的融合创新，推动经济高质量发展。

发挥法治保障作用，促进网络生态文明。在网络法治建设方面，国家相关部门推动《中华人民共和国网络安全法》《网络信息内容生态治理规定》《互联网信息服务算法推荐管理规定》等百余部法律法规和管理规定的出台，完成了网络法律体系的基本构建。互联网给社会经济发展带来了各种新服务、新模式、新业态，改变了人们的生产生活方式，极大丰富了人们的精神文化生活，但也衍生出网络谣言、网络暴力、网络诈骗等新问题和新挑战。而网络综合治理体系的建立，使得政府在网络文明建设中有法可依，明确平台在经营与管理中依法履责，敦促网民在上网过程中文明守则。网络综合治理体系构建的加速与完善，为网络文明建设提供了制度和法律保障，确保网络生态的健康可持续发展。

正面引领网络文化，推动中华优秀传统文化创新。在网络文化建设方面，一方面，以社会主义核心价值观引领网络文化向上向善发展，将网络文化中积极向上、健康向善的文化精粹纳入主流文化体系中。互联网自由、开放的特点，使得各种文化主张得以生存和发展，但同时文化的多元性与个体价值取向的偏向性，使得网络环境较为复杂。粉丝文化、丧文化、恶搞等消极的网络文化滋生，需要主流文化和价值取向的正面引导。另一方面，通过改变网络文化的存在方式、传播方式、呈现形式以及服务路径，促进互联网的创新成果与中华优秀传统文化的传承、创新与发展深度融合，使得传统文化发挥新的生机，形成了具有自身特色的网络文化。

强化网络综合治理，携手构建网络空间命运共同体。网络空间治理成为世界范围的重要议题。如何让互联网更好地造福人民成为关键问题。对内，我们坚持以人民为中心，通过建立网络综合治理体系，利用互联网实现对社会治理的有效嵌入，以实现好、维护好、发展好广大人民的根本利益，提高网络文明建设水平。对外，我国秉承和平发展、共同繁荣、合作共赢的文明基因，创造性地提出了共建网络空间命运共同体的理念主张。2022 年 7 月，习近平主席向世界互联网大会国际组织成立的贺信中强调，推动构建更加公平合理、开放包容、安全稳定、富有生机活力的网络空间，让互联网更好造福世界各国人民[①]。将中华文明中和谐、包容、开放的特点与网络文明相结合，为全球互联网治理和网络文明的发展提供中国智慧。

① 习近平向世界互联网大会国际组织成立致贺信 [N]. 人民日报 ,2022-07-13(1).

第五章 网/络/强/国

建设网络强国的意义

党的十八大以来，以习近平同志为核心的党中央主动顺应信息革命发展潮流，高度重视、统筹推进网信工作，推动网信事业取得历史性成就、发生历史性变革。习近平总书记举旗定向、掌舵领航，提出一系列具有开创性意义的新理念新思想新战略，形成了内涵丰富、科学系统的关于网络强国的战略思想。[①]建设网络强国，体现了党和政府对互联网战略地位和战略意义的充分认识，以及对当前中国互联网发展面临的机遇、问题与挑战的准确研判和及时回应。进入新时代，随着互联网深刻嵌入社会，互联网在国际竞争中深度在场，建设网络强国的历史使命空前凸显出来。

① 中共中央宣传部举行新时代网络强国建设成就发布会 [EB/OL]. 网信中国 ,(2022-08-19)[2023-01-29].https://mp.weixin.qq.com/s/kpI59zDF6q89Jc3wGc1dPQ.

一、互联网在国际竞争中的地位

互联网作为人类社会的一项重大技术与产业变革，对个体和国家都产生了广泛而深远的影响。随着全球化进程的深入，互联网建设日益成为国家实力的体现，成为国际博弈的新场域。中国在参与和应对互联网国际竞争中形成了习近平总书记关于网络强国的重要思想，走出了一条具有中国特色的互联网发展与治理之路。

（一）互联网成为国家实力的重要组成部分

互联网技术给社会发展带来巨大变革。数字时代，互联网已不仅是一种工具、媒介，更构成了社会生产生活的基础环境。现代国家的发展是在互联网环境下进行的：在国家安全层面，网络空间成为国家领土的“第五疆域”，成为意识形态斗争和国际话语权争夺的“主战场”；在经济发展层面，数字经济成为国家发展的“新引擎”，互联网成为产业发展和科技创新的“新蓝海”；在国家治理层面，互联网成为凝聚社会共识的“主阵地”，成为社会治理方式创新的“孵化器”……于国家而言，互联网成为国家实力的重要象征，既体现了一个国家的经济社会发展水平，又彰显了一个国家的安全防卫能力。从基础设施到意识形态，对于现代国家而言，发展互联网已经成为一个具有全球广泛共识的必选项。随着互联网广泛渗透到经济、政治、文化、社会、生态、军事等各领域，一个国家在网络空间的掌控力、竞争力如何，已成为判断其综合国力和国际竞争力的重要标准。[①]

（二）互联网成为国家博弈的重点阵地

信息化与经济全球化相辅相成。在世界范围内，互联网发展关系到全球社会资源的流通与分配，甚至关系到全球秩序与价值体系的重构。互联网既给世界各国带来了发展机遇，也带来了多种挑战。随着互联网向全球各地渗透、向社会各领域嵌入，世界各国逐渐意识到，新一轮的国际竞争与国际分工，将围绕网络空间展开。谁能在网络空间占有竞争优势，谁就更有可能占据全球价值链的制高点。如今，世界多数国家都将建设网络强国作为发展目标，积极抢占网络空间的主动权和主导权。从国际舆论、国际形象、国际话语权，到数据资源、数字经济、网络安全，网络空间已经成为全球博弈的新舞台、新阵地，也让世界各国的竞合关系更加紧密。一个机遇共享、风险共担、安全共维的“地球村”逐渐形成。

（三）网络强国成为国家发展的重大战略

网络空间的战略地位日益凸显，各国相继出台网络空间发展战略以积极应对互联网国际竞争，参与并推动网络空间全球治理。仅在网络安全方面，目前全球就已有近 60 个国家发布网络安全战略，我国也于 2016 年 12 月发布了《国家网络空间安全战略》，针对我国网络安全所面临的风险与挑战，明确提出了网络空间安全的目标、原则和战略任务。

着眼于互联网发展浪潮，我国提出网络强国战略并逐步推动该战略思想走向成熟，充分体现了我们党对互联网认识的深化，彰显新时代加快网络强国建设的深远意义和迫切要求。在习近平总书记关于网络强国的重要

---

① 谢新洲．迈向网络强国建设新时代 [N]. 人民日报，2018-03-23(7).

思想指引下，中国走出了一条具有自身鲜明特色的治网之路，在网络主权保障、互联网产业竞争、国际话语权争夺等方面形成了独特的诠释与实践，为解决网络空间发展治理这一关乎人类前途命运的问题贡献了中国智慧，也为中国参与网络空间的国际竞争提供了实践方案。

二、中国互联网发展面临的问题与挑战

就现阶段而言，我国互联网发展仍面临诸多问题与挑战，主要表现在以下方面：网络安全风险持续存在，以信息技术为依托的网络攻击、网络舆论攻击等日渐加剧；西方对华技术封锁不断升级，我国核心技术突破面临阻碍；网络意识形态斗争愈发激烈，我国国际网络话语权面临诸多挑战；网络不良信息、有害内容屡禁不止，网络生态乱象丛生，亟待解决；等等。这些问题为我国互联网发展乃至国家发展带来诸多风险与挑战，构成建设网络强国必要性和紧迫性的现实坐标。

（一）网络安全持续遭受威胁

互联网和信息技术的发展加速了传统安全问题向网络空间的转移，网络安全成为国家安全的重要方面，关系到人民安全、政治安全、经济安全，涉及军事、文化、科技、社会各个领域。当前，我国网络安全持续遭受威胁，外部挑战与内部压力并存。一方面，网络空间的国际竞争加剧，互联网成为一些国家对我国开展攻击和渗透的重要渠道，网络政治渗透、技术攻击、网络文化输出、网络犯罪等问题持续存在。另一方面，我国网络安全体系和能力现代化建设仍然面临诸多问题，重点信息安全技术有待突破，风险预测预警和应急管理体系有待完善，全民网络安全意识有待强化，应对网络攻击、维护网络安全的综合能力有待增强。

网络安全风险及挑战可能对我国造成多方威胁：各类跨境网络诈骗活动、个人信息窃取与泄露、网络恐怖主义等行为严重危及人民群众生命财产安全；以美国为代表的西方国家煽动网络舆论、开展网络窃密、技术攻击，试图破坏我国政治稳定与经济社会发展；不良网络文化渗透不断加深，西方文化中错误的价值观对我国优秀传统文化及价值观念造成冲击，文化侵蚀风险加剧，甚至威胁意识形态安全。可见，我国所面临的网络安全威胁是严峻且全方位的，而能与之相对抗的风险防范能力和危机处理机制仍有待建立健全。为此，我国必须高度重视网络安全问题，加快推进网络安全体系和能力现代化建设，牢筑网络安全防线。

（二）核心技术屡被“卡脖子”

习近平总书记在党的二十大报告中将“实现高水平科技自立自强，进入创新型国家前列”列为我国未来发展总体目标的内容之一。[①]可见，科技攻关与创新在国家发展战略全局中的重要地位。当前，在新一轮科技革命下，信息技术、通信技术、网络技术以及云计算、大数据、人工智能等成为国际竞争的关键。然而，我国在一些关键核心技术方面存在“卡脖子”问题。国际方面，以美国为首的西方国家持续对我国开展技术封锁，在产业链、市场、意识形态、国际合作等方面设置壁垒或抬高门槛，遏制我国核心技术攻关和前沿技术发展。国内方面，党的二十大报告指出，我们的工作还存在一些不足，其中就包括“科技创新能力还不强”[②]。

当前，我国信息化建设仍然面临技术瓶颈，特别是在芯片技术等核心领域，仍难以摆脱受制于人的困境。这一局面使得我国互联网及相关产业、技术发展面临诸多阻碍，在互联网国际竞争中难以把握发展和治理的主动权，对我国抵御重大安全风险提出艰巨挑战。为此，我国必须将核心技术突破作为重要战略目标，推进实现高水平科技自立自强，将现代化建设的主动权牢牢把握在自己手中。

---

① “强国建设、民族复兴的唯一正确道路”[N]. 人民日报 ,2023-02-10(1).

② “强国建设、民族复兴的唯一正确道路”[N]. 人民日报 ,2023-02-10(1).

（三）网络话语权不占优势

党的二十大报告明确指出我国在“意识形态领域存在不少挑战”[①]，同时指出维护国家意识形态安全的重要性。当前，我国国际话语权仍然较弱，与我国综合国力和国际地位不相匹配，国际传播力、影响力仍有待提升。同时，我们所面临的国际网络舆论环境较为复杂，美国等西方国家利用网络霸权、媒体霸权以及国际社交媒体阵地优势，持续散布“中国威胁论”，以“民主自由”等意识形态作为伪装，制造话语对立，抹黑中国国际形象，营造不利于中国国家建设与发展的国际舆论氛围。相比之下，我国尚未能建成具有足够国际影响力的传播平台，面对西方制造的网络谣言和舆论攻击缺乏足够的预防、预警和反制能力。

当前国际网络舆论环境不利于我国国际形象提升，各类涉华谣言导致各国对华刻板印象加剧，对国际社会的对华认知造成了严重误导。随着国际网络舆论在国际事务中的作用愈发突出，网络话语权的弱势地位将带来诸多隐患：不利的舆论环境遏制中国国际影响力的提升，容易导致我们在各类国际事件以及全球治理体系中陷入被动地位，难以为自身发展争取利益；西方价值渗透带来意识形态风险，威胁社会和谐与政治稳定。为此，我们必须加强网络话语权建设，利用互联网推进我国国际传播能力提升，在互联网时代的国际意识形态斗争中经受住挑战、站稳脚跟。

（四）网络生态仍待治理

网络空间是亿万民众共同的精神家园，良好的网络空间生态直接关系

---

① 习近平．高举中国特色社会主义伟大旗帜为全面建设社会主义现代化国家而团结奋斗——在中国共产党第二十次全国代表大会上的报告 [EB/OL]. 中国政府网 ,(2022-10-25)[2023-02-01].http://www.gov.cn/xinwen/2022-10/25/content_5721685.htm.

人民利益，网络生态治理成为社会治理和国家治理的重要方面。党的十九届四中全会提出，“建立健全网络综合治理体系，加强和创新互联网内容建设，落实互联网企业信息管理主体责任，全面提高网络治理能力，营造清朗的网络空间”。然而，信息技术发展迅猛，网络内容及其表现形式更新迅速，持续冲击着既有网络生态治理体系及手段的适应性和有效性。一方面，网络乱象不断涌现，虚假信息、网络暴力、流量黑灰产业链、深度伪造等问题持续存在。另一方面，当前治理手段仍待完善，尽管我国出台了《中华人民共和国网络安全法》《网络信息内容生态治理规定》等法律法规，但在具体执行层面仍然缺乏抓手，存在“落地难”的问题。此外，当前治理技术发展相对滞后，治理智能化水平有待提升。

在内容泛在的趋势下，网络生态问题的负面影响是严重而深远的。就用户个体而言，网络空间存在的网络霸凌、有害内容、低俗化内容、过度娱乐化等问题不利于个人特别是青少年的身心健康发展，阻碍网络正能量及社会主义核心价值观传播；网络诈骗、虚假信息、网络谣言等对个人财产及人身安全构成威胁，甚至瓦解凝聚社会共识的理想信念和信任基础。就国家而言，网络生态的混乱为境外势力提供了可乘之机，为破坏民族团结、危害政治稳定、煽动对立情绪等非法言论滋生提供土壤，严重扰乱网络秩序和社会秩序，严重威胁我国政治安全。为此，我国必须坚持推进网络生态治理，加快完善中国特色网络治理体系，使互联网空间天朗气清、正气充盈。

三、建设网络强国的历史使命

中国特色社会主义进入新时代，标志着我国发展步入了更高层次的历史阶段。建设网络强国是新时代赋予我们的历史使命，对于实现中华民族伟大复兴的中国梦具有重要意义。

（一）建设网络强国是新时代全面建设社会主义现代化国家的重要内容

习近平总书记指出，当今世界，网络信息技术日新月异，全面融入社会生产生活，深刻改变着全球经济格局、利益格局、安全格局。世界主要国家都把互联网作为经济发展、技术创新的重点，把互联网作为谋求竞争新优势的战略方向。[①] 这一重要论述深刻阐明了互联网在经济社会发展和综合国力竞争中的重要作用。

我们党和国家对互联网的认识随着时代的发展经历了一个不断深化的过程。最初我们是将互联网作为一种技术，然后认识到互联网是一种媒体、一种产业，再到现在认识到互联网是人类生产生活的新空间。这是我们网络观的一次飞跃。从世界历史发展进程看，空间拓展总是伴随着国际秩序变革。比如，人类生产生活空间从陆地拓展到海洋，形成了以欧洲海洋国家为中心的世界秩序，中华民族正是在这一进程中走向衰落的。今天，互联网创造了人类生产生活的新空间，面对这一空间拓展的新机遇，我们绝

① 加快推进网络信息技术自主创新 朝着建设网络强国目标不懈努力 [N]. 人民日报，2016-10-10(1).

不能再次落伍。①

信息化为中华民族带来了千载难逢的机遇，是推进中国式现代化的必由之路，对于现代化建设而言具有基础性作用。信息革命作为人类社会发展的“第三次浪潮”，带来了生产力质的飞跃和生产关系的深刻调整，与农业革命、工业革命相比较，其覆盖范围更广泛、影响更深远。互联网广泛渗透到经济、政治、文化、社会、生态、军事等各领域，一个国家在网络空间的掌控力、竞争力如何，已成为判断其综合国力和国际竞争力的重要标准。当前，西方主要大国和新兴市场国家都将建设网络强国作为战略目标和主攻方向，积极抢占制高点，掌握主动权。对处于发展转型关键期的我国而言，加快建设网络强国是提升我国综合国力的现实需要②。我国要全面建成社会主义现代化强国，必须将建设网络强国作为重要内容。

（二）建设网络强国是解决新时代我国社会主要矛盾的重要途径

中国特色社会主义进入新时代，我国社会主要矛盾已经转化为人民日益增长的美好生活需要和不平衡不充分的发展之间的矛盾。建设网络强国，是解决好发展不平衡不充分问题的重要途径。习近平总书记指出：“当今世界，信息技术创新日新月异，数字化、网络化、智能化深入发展，在推动经济社会发展、促进国家治理体系和治理能力现代化、满足人民日益增长的美好生活需要方面发挥着越来越重要的作用。”③互联网是经济社会发展新引擎、人们生产生活新空间。网信事业代表着新的生产力、新的发展方向，体现着创新、协调、绿色、开放、共享的新发展理念，对于建设现代化经

① 谢新洲，田丽．加快实现网络强国的战略目标 [N]. 人民日报，2017-04-18(7).

② 耿召．我国为什么要加快建设网络强国 [EB/OL]. 澎湃新闻 ,(2022-11-23)[2023-01-29]. https://m.thepaper.cn/newsDetail_forward_20843657.

③ 提升乡村治理数字化（治理之道）[N]. 人民日报 ,2022-11-09(9).

济体系、推动高质量发展，对于推进国家治理体系和治理能力现代化，对于满足人民日益增长的美好生活需要，都发挥着重要作用。发挥好互联网开放、普惠、共享的特点，也有助于打破长期存在的发展鸿沟和信息壁垒，推动资源共享和发展平衡，助力人的全面发展和社会全面进步。①

我国接入互联网以来，网络应用与服务不断完善，党和政府发展网信事业的路径日渐明晰。鉴于网络在信息传播中的重要作用，我们大力加强网络文化建设，推动网络媒体发展，积极开展网络意识形态斗争；鉴于互联网在经济社会发展中的重要作用，我们大力加强信息基础设施建设和信息资源开发，大力发展数字经济并带动传统经济转型升级，积极发展电子政务；鉴于网络安全威胁日益严重的现实，我们强化网络安全意识，发展网络安全技术和网络安全产业；鉴于网络空间在国际关系中的重要地位，我们积极深化网络空间国际合作，与世界各国携手构建网络空间命运共同体；等等。但我们也应清醒认识到，我国还不是一个网络强国。习近平总书记指出："同世界先进水平相比，同建设网络强国战略目标相比，我们在很多方面还有不小差距，特别是在互联网创新能力、基础设施建设、信息资源共享、产业实力等方面还存在不小差距。"② 我们要实现第二个百年奋斗目标，必须加快建设网络强国。③

（三）建设网络强国是维护网络安全和国家安全的重要保证

随着互联网技术和应用的飞速发展，网络空间已成为国家继陆、海、空、天之后的"第五疆域"。习近平总书记深刻指出，没有网络安全就没有

① 谢新洲．迈向网络强国建设新时代 [N]. 人民日报，2018-03-23(7).
② 谢新洲，田丽．加快实现网络强国的战略目标 [N]. 人民日报，2017-04-18(7).
③ 谢新洲，田丽．加快实现网络强国的战略目标 [N]. 人民日报，2017-04-18(7).

国家安全。[①]这一重要论断将网络安全上升至国家安全层面，明确了维护网络空间安全的战略意义，保障网络空间安全就是保障国家主权。网络安全是网络强国建设的重要内容，网络安全保障有力、网络攻防实力均衡是网络强国建设的发展方向，攻防兼备、网络安全坚不可摧是网络强国建设的最终目标之一。同时，建设网络强国应秉持兼顾安全和发展的原则，强调信息化建设与网络安全建设需要同步推进。2014 年 2 月 27 日，习近平总书记主持召开中央网络安全和信息化领导小组第一次会议并发表重要讲话。他指出，"网络安全和信息化是一体之两翼、驱动之双轮，必须统一谋划、统一部署、统一推进，统一实施。做好网络安全和信息化工作，要处理好安全和发展的关系，做到协调一致、齐头并进，以安全保发展、以发展促安全，努力建久安之势、成长治之业。"[②]

从现实情况看，建设网络强国是应对当前我国所面临的网络安全风险和挑战的迫切需要。当前，网络安全风险日益突出，并逐渐向政治、经济、文化、社会、生态、国防等领域渗透，对我国现代化建设构成诸多安全威胁。具体来看，在国际方面，我国面临某些西方强国的技术封锁、网络攻击等问题，在国际传播格局与话语权竞争中处于被动地位，对政治、经济、文化等各领域构成安全隐患；在国内方面，我国自主创新能力有待提升，网络安全攻防技术有待优化，网络生态乱象有待全面治理，国家安全和社会安全同样面临诸多挑战。对此，网络强国战略从顶层设计上明确了网络安全的战略地位，从工作实践上部署了维护网络安全的实现路径，向着技术要强、内容要强、基础要强、人才要强、国际话语权要强的要求不断迈进，为网络安全体系和能力现代化建设以及国家安全体系和能力现代化建设提供有力支持。

---

① 习近平．在中央网络安全和信息化领导小组第一次会议上的讲话 [N]. 人民日报 ,2014-02-28(1).

② 习近平．努力把我国建设成为网络强国（2014 年 2 月 27 日）// 中共中央党史和文献研究院，中国外文局编．习近平谈治国理政（第一卷）[M]. 北京：外文出版社 ,2018:197-198.

（四）建设网络强国是新时代中国为世界作出更大贡献的重要方面

中华文化没有“国强必霸”的基因。习近平总书记强调：“互联网发展是无国界、无边界的，利用好、发展好、治理好互联网必须深化网络空间国际合作，携手构建网络空间命运共同体。”[①] 习近平总书记提出全球互联网发展治理“四项原则”“五点主张”，倡导尊重网络主权，构建网络空间命运共同体，并用“发展共同推进、安全共同维护、治理共同参与、成果共同分享”深刻诠释了网络空间命运共同体的重要内涵，充分体现了“协和万邦”“天下一家”的中华文化理念，赢得了国际社会的普遍赞同。中国在网络空间发展壮大，有利于维护国际网络空间的和平、安全、稳定，有利于推动全球互联网治理体系和规则朝着更加公正合理的方向发展。事实证明，网络空间国际治理体系需要中国的积极参与[②]，中国在推动构建网络空间命运共同体中扮演的角色越来越重要。

同时，习近平总书记关于网络强国的重要思想是针对互联网时代的新变化、新趋势作出的战略定位和理论回应，具有重大的现实指导意义。该重要思想坚持道路自信、理论自信、制度自信和文化自信，正确处理发展与安全、自主与开放、管理与服务、自由与秩序等关系，积极探索中国特色社会主义网络发展治理道路；将建设网络强国的战略部署与实现第二个百年奋斗目标紧密相连、同步推进，深度融入“五位一体”总体布局和“四个全面”战略布局之中；充分体现了创新、协调、绿色、开放、共享的新发展理念，使网络发展治理在践行新发展理念上走在前列。

习近平总书记关于网络强国的重要思想，体现了深刻的忧患意识、鲜

---

① 开启网络强国战略新征程 [N]. 人民日报 ,2018-11-04(4).

② 耿召 . 我国为什么要加快建设网络强国 [EB/OL]. 澎湃新闻 ,(2022-11-23)[2023-01-29]. https://m.thepaper.cn/newsDetail_forward_20843657.

明的问题导向、宽广的世界眼光，是习近平总书记治国理政思想在网络发展治理领域的具体体现。中国建设网络强国的理论和实践，可以给世界上那些在网络空间既希望加快发展又希望保持自身独立性的国家提供全新选择，将为解决网络空间发展治理这一关乎人类前途命运的问题贡献中国智慧和中国方案。[①]

① 谢新洲 . 迈向网络强国建设新时代 [N]. 人民日报，2018-03-23(7).

网络强国的基本目标

随着互联网技术的日新月异，网络与社会建设和国家发展之间的融合日益紧密，互联网成为新时代国际竞争的主战场，信息化为中华民族伟大复兴创造了重要机遇。党的十八大以来，以习近平同志为核心的党中央高度重视网络安全和信息化工作，全面布局、统筹推进、立足中国、放眼世界，以深邃的历史眼光和高远的战略视角回答了网络强国建设的系列问题，形成了习近平总书记关于网络强国的重要思想。习近平总书记关于网络强国的重要思想是网信事业顺应新时代发展的方向指南，也是我国由网络大国向网络强国迈进的行动纲领。网络强国建设要向着网络基础设施基本普及、自主创新能力显著增强、数字经济全面发展、网络安全保障有力、网络攻防实力均衡的方向不断前进，最终达到技术先进、产业发达、攻防兼备、制网权尽在掌握、网络安全坚不可摧的目标。

明确树立并深刻认识网络强国的发展目标，有利于准确把握网络强国建设的前进方向；有利于营造清朗的网络空间，促进网络文明的繁荣发展，使互联网成为网络强国事业凝心聚力的重要舆论阵地；有利于不断向着建设新型主流媒体的目标行进，全面增强自身舆论工作的传播力和影响力，不断挖掘互联网在社会治理中的潜能和价值；有利于深刻把握全球互联网发展大势，努力提升我国的国际互联网话语权，构建网络空间命运共同体，为全球互联网治理贡献更多中国方案和中国智慧。

一、网络强国的目标体系

习近平总书记关于网络强国的重要思想根植国际竞争与国内产业发展的宏观环境，构建全面的建设目标体系，对于推进网络强国建设、助力信息化事业发展、实现远景目标规划具有重要指导作用。

从历史背景来看，网络强国目标体系是在我国多年来互联网事业发展成果的基础上提出的战略发展方向，基于对当前发展阶段问题与挑战的深入考量，着眼新形势、新阶段的发展特征和国际环境，具有充分的理论和现实依据。

从内在逻辑来看，网络强国目标体系具有鲜明层次的结构体系，协同共进的目标系统，着力互联网发展与社会发展各个方面的内在关系，多维一体，共同促进我国信息化建设。

从价值意义来看，网络强国目标体系具有理论价值和现实意义，充分体现马克思主义中国化时代化的成果，具有显著的理论创新价值和活力，同时充分体现社会主义现代化建设的发展要求。

（一）目标体系的提出背景

当前阶段，我国发展面临内部与外部多重压力。经济社会发展进入转型阶段，产业升级、结构调整不断推进，逐渐走向高质量发展轨道；现代化建设面临众多机遇与挑战，信息革命与技术革命的浪潮席卷全球，必须抓住历史机遇，探索开辟中国特色的信息化发展道路；国际形势风起云涌，网络空间的国际竞争逐渐加剧，我国亟须突破技术瓶颈，夺取信息化角逐的主动权。这些内外形势反映了当前我国面临的现实环境，构成网络强国目标体系的基础。

第一，当前，世界百年未有之大变局加速演进，复苏乏力，逆全球化思潮抬头，单边主义、保护主义明显上升，世界经济进入深度衰退期，局部冲突和动荡频发，全球性问题加剧，世界进入新的动荡变革期。同时，网络空间成为各国进行主权争夺、开展舆论攻击、国际竞争的新战场，互联网越来越成为各国必争之地。全球互联网治理体系尚未建立，公平的国际互联网秩序尚未形成，网络资源掠夺和霸权主义仍然横行，我国的网络空间发展也面临着诸多风险。面对多方挑战，我国亟待加强互联网技术防范和反制能力，加强自身数字产业供应链的韧性，提高网络空间安全意识和管理水平，主动掌握网络舆论的话语权和主动权，提高自身影响力和传播力。在此背景下，网络强国目标体系着眼全球互联网环境与发展趋势，在推进自身基础设施、自主创新、产业发展的同时，积极争取全球技术标准制定的话语权，推进全球互联网治理体系的完善，致力于改善当前不合理的全球互联网秩序，助力网络空间命运共同体建设。

第二，我国经济社会发展面临转型期。“十三五”时期，我国信息化事业已经取得一系列瞩目成果，5G 通信技术迅速发展，商用进程逐步加快，建成了全球最大规模的光纤网络。同时，传统产业进入转型轨道，各类新兴产业不断涌现，产业结构不断优化。种种成果表明，我国经济社会发展已经进入崭新阶段，当前发展阶段的目标规划要与新阶段发展特征相适应，要与新阶段全面建设社会主义现代化国家的发展目标相适应。因此，我国必须建立信息化事业建设的目标体系，为现代化建设注入发展动力。网络强国目标体系是信息化事业发展的方向指引，也是现代化建设的有机组成部分。创新、协调、绿色、开放、共享的新发展理念是当前社会经济发展的重要指引，信息化事业则是贯彻新发展理念的主战场，以数据资源为关键要素的数字经济形式更是引领产业转型和高质量发展的主力军。网络强国战略构建以技术创新、数字产业、网络安全、全球共享共治为核心内容的目标体系，其本质也是着眼新发展理念的核心要求，推进社会经济的顺利转型升级。

第三，我国现代化建设面临战略机遇期。目前，我国面临一系列重要发展机遇，全面深化改革的步伐持续迈进，新发展格局构建加速部署，全球技术和产业变革不断深化。从长远来看，构建以国内大循环为主体，国际国内双循环相互促进的新发展格局是我国的重要战略目标。信息化事业对于现代化建设至关重要，为实现新发展格局，我国必须保障国内产业链供应的稳定性，迫切需要数字产业和信息技术的支持。网络强国的目标体系与新发展格局的构建相辅相成，协同推进经济社会发展转型。习近平总书记指出，“当今世界，谁掌握了互联网，谁就把握住了时代主动权”“一定程度上可以说，得网络者得天下”[①]，这些重要论述揭示了网络强国建设的必要性和紧迫性。当前，全球信息革命浪潮汹涌，信息技术为生产关系和生产力带来前所未有的改变，我国现代化事业必须牢牢抓住信息革命带来的发展机遇，争取在关键领域达到世界领先水平，引领全球发展潮流。基于这一重要战略考量，网络强国目标体系突出强调技术创新能力建设的重点突破，集中强调重点技术和关键领域的突破，同时将社会生产、人民生活的各个方面纳入战略目标当中，为信息革命背景下的现代化建设谱写了蓝图。

（二）目标体系的内涵和逻辑

网络强国战略的目标体系具有很强的总体逻辑和内部关联性，主要包含七个维度：核心和关键技术实现突破、占据主导，网络安全和主权得到维护，数字经济高质量发展，网络内容生态得到优化，国际互联网话语权得到提升，互联网服务社会治理潜能得到释放，构建国际网络空间命运共

① 习近平．在全国网络安全和信息化工作会议上的讲话（2018 年 4 月 20 日）// 中共中央党史和文献研究院编．习近平关于网络强国论述摘编 [M]. 北京：中央文献出版社 ,2021:41.

同体。该目标体系总体反映网络强国目标的战略统筹和规划，各项网络强国建设目标在总体规划中扮演着不同的角色分工，凸显互联网思维在经济、政治、文化、社会等各方面的运用和融合，共同组成我国信息化事业的图景。在此基础上，各个分目标之间相互联系、相互促进，在协同发展中不断推进网络强国建设，形成具有内部驱动力的有机整体，不断发挥系统观念在信息化工作中的指导作用。

第一，技术与内容双驱动的目标体系。网络强国建设要与我国现代化事业同步推进，需要对发展目标进行同步规划。当前，目标体系中的部分内容与互联网技术紧密相关，此类目标的实现有赖于技术研发水平的提高和相关硬件设施的升级完善，主要包括技术突破、国家安全与主权、数字产业等领域。网络强国建设要向着网络基础设施基本普及、自主创新能力显著增强、信息经济全面发展、网络安全保障有力、网络攻防实力均衡的方向不断前进①。这一论述为我国网络强国建设指明了目标和方向。从发展路径和本质来看，这些目标都与技术水平的提升相关，也关系着国家和人民的根本利益。我国亟须尽快解决关键技术受制于人的问题，在新工业革命的浪潮中迎头赶上。

统筹发展和安全是网络强国建设必须坚持的理念，以安全保发展、以发展保安全。网络安全与攻防能力建设是信息化事业应对不确定性与风险挑战的必要保障。当今时代，数据成为新的生产要素，信息化成为生产变革的必然趋势，发展互联网产业涉及新的生产力和生产关系，必须作为网络强国目标重点推进。因此，我们必须将这些目标作为网络强国战略的重点领域着力推进，提高我国技术研发、安全防范、经济发展等领域的硬实力。

网络强国建设不仅需要提高硬实力，形成核心技术优势，建立安全和主权保障体系、现代互联网产业体系等，而且需要关注网络软实力，推进

---

① 习近平．在全国网络安全和信息化工作会议上的讲话（2018 年 4 月 20 日）// 中共中央党史和文献研究院编．习近平关于网络强国论述摘编 [M]. 北京：中央文献出版社 ,2021:44.

网络生态的健康发展，注重国际话语权提升，激活互联网的社会治理潜能，以长远的发展眼光统筹规划，促进全球互联网建设的长期繁荣，构建网络空间命运共同体。

习近平总书记指出，建设网络强国要有丰富全面的信息服务、繁荣发展的网络文化；要积极开展双边、多边的互联网国际交流合作。[①] 从宏观上来看，我国在互联网领域的话语权和主动权至关重要，不仅关乎我国意识形态建设，更关系到我国政权的安全和稳定。从微观角度来看，权威信息和正能量内容的传播是良好网络生态的重要部分，必须着眼内容治理、意识形态引导、网络文化建设等工作，促进健康网络空间的形成。

网络强国战略需要统筹网上网下，使互联网成为社会治理的重要手段和有机组成部分，推进社会治理水平的现代化。我国积极参与建立符合世界各国发展利益的互联网发展秩序，这也是我国互联网软实力的重要组成部分。全球互联网治理的完善不仅关乎我国自身发展的外部环境和国际交流水平，也关系到世界互联网发展的未来走向，因此网络强国战略必须将推进国际交流作为目标体系的重要部分，推进网络空间命运共同体建设，为世界互联网发展贡献更多中国智慧。

第二，各项目标在网络强国建设中均有分工。网络强国战略目标是由多个领域的发展规划与方向共同组成的目标体系，各项发展目标涉及我国信息化和现代化事业的不同领域，协同推进网络强国战略的实现。从社会发展的角度出发，当前目标体系涵盖了经济、政治、文化各个层面：从核心技术等主要生产要素的完善和升级，到新兴业态的加速发展和转型，网络强国目标体系体现了信息时代生产要素和生产关系的系统结合。

从社会生产的逻辑出发，助力互联网背景下的经济社会发展。网络安全和主权、互联网话语权建设等发展目标从政治稳定和社会稳定的视角出发，为网络强国建设筑牢思想和理论基础，为信息化事业提供必要的安全

① 习近平．努力把我国建设成为网络强国（2014 年 2 月 27 日）// 中共中央党史和文献研究院，中国外文局编．习近平谈治国理政（第一卷）[M]. 北京：外文出版社，2018:198.

保障。网络生态建设旨在推进网络意识形态建设和内容治理，培育积极健康、向上向善的网络文化，用社会主义核心价值观和人类优秀文明成果滋养人心、滋养社会。从社会治理的角度出发，互联网与社会治理的深度融合有利于激发互联网的价值与潜能，促进治理能力现代化建设。从全球互联网发展的视角出发，当前目标体系体现了我国在全球互联网治理中的大国担当。构建网络空间命运共同体的目标是我国为全球互联网治理提出的中国方案，不断推进网络空间实现平等尊重、创新发展、开放共享、安全有序的目标。

第三，各项目标相互联系、相互促进。网络强国目标体系是一个有机的目标系统，各项目标不是彼此孤立的，而是相互联系、相互影响，合力推进网络强国建设和信息化事业的发展。

网络强国的目标体系协调统筹安全与发展两个维度。安全是发展的前提，发展是安全的保障，因此，牢筑网络安全防线的目标对于网络强国建设的各项目标都有着重要意义。同时，数字经济的壮大、科学技术的突破、网络文化影响力的提升也能够促进我国网络风险防范和反制能力的提高，为网络安全提供更为坚实有力的支撑。自主创新能力与核心技术的研发是各项网络强国发展目标的重要突破口所在，习近平总书记指出：“一个互联网企业即便规模再大、市值再高，如果核心元器件严重依赖外国，供应链的‘命门’掌握在别人手里，那就好比在别人的墙基上砌房子，再大再漂亮也可能经不起风雨，甚至会不堪一击。”[①] 由此可见，核心技术的突破有助于我国信息产业、基础设施建设走上独立自主的道路，进而化解各类技术风险，提高我国互联网技术、数字经济的国际竞争力，实现高质量发展。

网络空间命运共同体这一目标关系到我国互联网发展所面临的全球环境，当前网络空间意识形态面临着来自西方意识形态和价值观的多重挑战，基于网络霸权和非公正互联网秩序的舆论攻击和话语权争夺逐渐加剧，网

① 习近平 . 在网络安全和信息化工作座谈会上的讲话（2016 年 4 月 19 日）// 习近平 . 论党的宣传思想工作 [M]. 北京：中央文献出版社 ,2020:197.

络文化霸权、种族主义、历史虚无主义不断渗透侵蚀我国的互联网文化，破坏网络空间的和谐与稳定。因此，推进公平公正、普惠共治的全球互联网新秩序的建立，加强双边与多边交流合作，能够有效地缓解当前网络空间的意识形态冲突和舆论风险，更有益于世界各国共享互联网发展成果。

（三）目标体系的重要意义

习近平总书记关于网络强国的重要思想是党中央深刻把握信息革命发展趋势，科学总结我国互联网发展实践经验的思想成果和智慧结晶，对于推进我国信息化建设和现代化事业具有重要意义。其内涵与价值体现在理论和实践多个层面，对于中国特色社会主义理论体系的创新和发展以及指导现实工作都具有重要意义和作用。以习近平总书记关于网络强国的重要思想为指引，网络强国战略目标体系在理论层面坚持马克思主义的唯物观、认识论和系统观，是运用马克思主义观点和方法指导互联网建设的重要体现，在实践层面立足我国社会实际与互联网发展实践，问题导向明确，并从国家利益和国际竞争出发，强调为全球互联网发展的方向和道路提供中国智慧和中国方案。

网络强国战略目标体系坚持唯物史观，站在人类社会信息革命的历史语境中，深刻思考互联网背景下生产力与生产关系、经济基础与上层建筑的新型关系。网络强国战略目标体系深刻反映了互联网对社会的广泛影响：信息革命与互联网技术的变革代表新型生产力的发展方向，深入渗透社会生活的各个层面，影响到国际政治、经济、文化等各个领域。网络强国战略目标体系充分运用唯物辩证法，坚持全面、发展、联系地看待互联网发展和治理，各项目标能够针对不同领域给予指导，且服务于互联网发展全局，目标之间相互协调促进，共同服务于信息化事业发展。同时，网络强国战略目标体系认识到互联网发展中各个问题的辩证统一关系，良好地处理了安全与发展的关系；认识到网络安全和信息化进程需要协同推进，统一部署，从而更加全面和系统地指导解决网络安全、底层技术研发、网络空间治理、网络内容建设等问题。此外，网络强国战略目标体系也考虑到了互联网的两面性，能够科学和辩证地对待发展中的问题，提出系统发展目标。互联网发展过程中面临诸多矛盾，包括技术创新与安全保障之间的矛盾，网络自由与秩序维护之间的矛盾、数据开发与隐私保护之间的矛盾等。网络强国战略目标体系能够兼顾不同矛盾以及矛盾的不同方面，体现了对互联网两面性的清醒认识。

网络强国战略目标体系从本体论、认识论和系统论出发，揭示了互联网的社会空间属性。人们对互联网认识的形成是一个渐进的过程，其间难以避免认识不足带来的发展阻碍。对此，网络强国思想深刻揭示了互联网的本质属性，对互联网的社会融入、社会影响进行了全面认识和分析。网络强国目标体系准确把握互联网作为与现实紧密结合的网络社会空间的重要特征，为互联网技术及产业的发展提供重要的方向性指引。在此基础上，网络空间的重要性得到更加充分的认识，网络空间成为国家重点建设具有很强战略性的领域，信息化成为社会经济发展的重要动力源，构建网络空间共同体也成为人类命运共同体的题中要义。另外，信息化工作具有点多线长面广的特点，涉及社会发展的各个方面，会不断面临新情况和新问题，需要运用长远发展的眼光统筹协调、把握全局。网络强国战略也根据这一要求，建立了与信息化工作性质相适应的系统性目标体系，使各个目标能够协同发力，形成有机统一的整体。

网络强国战略目标体系符合现实发展需求。网络强国战略目标体系对互联网这一新兴领域秉持客观态度，立足实际，从我国面临的发展阶段出发，同时考虑到了当前全球互联网环境的影响，在应对风险与挑战的同时放眼未来发展趋势，推动构建绿色、开放、共享的互联网发展方式。核心和关键技术突破、网络安全与主权保障、数字经济高质量发展等目标为我国亟待解决的技术型问题提供了发展思路和指引，指出了当前网络强国建设的重点和难点所在，为未来信息化建设工作指明前进方向。

二、网络强国建设的目标

2014 年 2 月 27 日，习近平总书记在中央网络安全和信息化领导小组第一次会议上首次提出了“努力把我国建设成为网络强国”的战略目标，在中国接入互联网 20 周年之际开启了互联网发展的重大战略部署。近 30 年来，互联网技术在中国落地生根，深刻改变了生产生活的各个方面。我们见证了互联网为人类社会创造的种种奇迹，同时也看到了互联网带来的诸多安全风险和舆论挑战。网络强国战略的提出基于对我国互联网发展现状与前进方向的深刻认识，也是应对未来发展中的困难和阻碍的实践指引。在当前发展阶段，我国面临新技术语境下的新挑战：互联网成为国家间舆论交锋和意识形态争夺的主要空间，网络空间的内容、文化日趋多元，也为负面信息的滋生提供了土壤。放眼全球互联网发展，资源分配、网络安全、信息市场秩序等是世界各国共同面临的互联网发展命题，多边、民主、透明的全球互联网治理体系亟待建立。面对这些问题与挑战，网络强国建设需要长远规划、统筹发展，建立与之相应的目标体系，指引我国互联网综合实力的提升。

（一）核心和关键技术实现突破、占据主导

在世界新科技革命和全球产业变革背景下，新技术不断带动产业变革加速，新一代数字技术同制造业深度融合，推动工业化进程。核心技术是国之重器，面对以技术为核心要素的激烈国际竞争，我国必须提高自主创新能力，加速突破关键技术研发瓶颈，为网络安全、经济增长提供技术支

持。同时，技术相关的权利争夺日趋激烈，技术标准的研制能力与话语权地位成为提高国家综合实力的重要因素。为此，网络强国建设必须将自主创新能力建设放在重要位置，加快完善网络技术标准体系建设，推进国家标准的国际转化，提升我国技术话语权。

1. 核心技术自主研发能力大幅提升

2016 年 4 月 19 日，在网络安全和信息化工作座谈会上，习近平总书记指出："互联网核心技术是我们最大的'命门'，核心技术受制于人是我们最大的隐患。"①当前，全球新一轮科技革命和信息革命突飞猛进，我国面临着重要的历史变革和历史机遇。网络强国建设想要牢牢抓住核心技术的"命门"，必须着力提升自主研发能力，突破技术难题与瓶颈，并争取在关键领域、关键方面实现"弯道超车"，在网络强国建设中把握住发展的主动权。

当前，我国所关注的核心技术领域按照技术类型和战略定位划分，主要包括基础技术和通用技术、非对称技术和"杀手锏"技术、前沿技术和颠覆性技术等。目前阶段，世界互联网基础和通用技术的核心要素仍然由欧美国家掌握，如核心芯片、操作系统等。此类技术构成了全球互联网发展的基础，从而使开发国具备了相应的互联网规则制定权和话语权，同时也使我国面临核心技术被"卡脖子"的困境。

芯片制造技术是信息产业的核心所在，光刻技术则是芯片制造工艺的最关键环节。芯片生产对光刻工艺的精度要求极高，每一步出问题的可能性都不得超过 0. 000001%，②因此高精度光刻机在芯片生产中至关重要。我国高精度光刻工艺及设备的自主研发起步较晚，加之美国等西方国家实行技术封锁和科技霸权，通过禁售等手段钳制我国信息产业发展，致使我国芯片技术仍然落后于世界领先水平，且在芯片制造设备购买等环节受制于人。

---

① 习近平 . 在网络安全和信息化工作座谈会上的讲话（2016 年 4 月 19 日）// 习近平 . 论党的宣传思想工作 [M]. 北京：中央文献出版社 ,2020:197.

② 陈宝钦 . 光刻技术六十年 [J]. 激光与光电子学进展，2022,59(9):518-538.

在操作系统方面，目前，Windows、MacOS 等操作系统在全球占据绝对主导地位，而我国的银河麒麟 OS、普华、中兴新支点等操作系统仍未实现大规模的市场应用，且均为基于 Linux 系统二次开发的结果，国产操作系统与下游产品的对接匹配、市场认可度等问题也亟待解决。

网络强国建设需要从多个维度进行技术研发布局，从非对称性技术和“杀手锏”技术出发，掌握国际领域的技术话语权和主动权。首先，实现基础技术和通用技术的普及与完善，加强对光通信、毫米波、5G 增强、6G 等技术研发支持，形成规模化、产业化的核心元器件研发和生产体系，实现高水平科技自立自强。其次，实现非对称技术领域的重点突破，结束某些领域技术开发跟跑和效仿发达国家，拥有“杀手锏”技术，形成技术威慑力。最后，实现前沿技术、颠覆性技术的前瞻布局和研发，加快技术创新，找到推进生产、生活革命性发展的突破口，助力产业升级换代。企业是技术创新的主体，是推动创新创造的生力军，自主研发能力的提升有赖于企业创新能力的全面升级。目前，我国企业在技术研发投入、重点计划执行、研发人员参与等方面都取得了较为显著的成果，企业整体科研参与度较高，创新主体地位不断增强。在此基础上，必须继续坚持推进企业研发能力建设，提升企业研发的主动性和积极性，鼓励企业产出更多专利成果，实现创新链与产业链的深度融合，形成集成共享的研发创新平台，全面激活企业技术创新的积极性和自主性。

2. 互联网技术标准体系基本完善

互联网技术标准是规范互联网技术发展的重要依据，是指导通用技术发展和核心技术突破的实践要求。互联网技术标准体系的完善对于技术研发、行业应用以及技术的跨行业融合发展都具有重要意义。具体来看，互联网技术标准能够在一定程度上推动行业技术经验的汇聚、固化和总结，形成具有参考性和指导意义的标准体系，为行业技术发展提供科学的指导框架和标准，提高技术研发效率。同时，完善的互联网技术标准能够推进技术开发、应用、创新的规范化以及技术成果的全面推广，扩大新技术的应用和惠及范围，提高互联网技术的产业引领力和带动力。此外，成熟的技术标准体系也是推进国际技术交流与融合的重要基础，有益于搭建国内外技术合作平台，形成符合多方利益的技术合作共识。

目前，我国已经初步建立新一代信息技术的多项标准体系，针对大数据、云计算、信息安全、软件等领域设定各项指标以及模型参考，同时出台多个相关领域的发展规划和行动指南，从标准制定和实施贯彻等方面对新一代信息技术发展进行规范和引导，如《信息技术—云计算—云服务质量评价指标》（GB/T 37738-2019）、《信息技术—大数据—数据分类指南》（GB/T 38667-2020）、《信息安全技术—应用软件安全编程指南》（GB/T 38674-2020）等。

基于当前发展现状，互联网技术标准需要立足新发展阶段，形成更具质量效益、更加适应市场规律、更符合国内外合作要求的技术标准体系，成为我国综合竞争力的重要组成部分。《国家标准化发展纲要》提出，要优化标准化治理结构，增强标准化治理效能，提升标准国际化水平，加快构建推动高质量发展的标准体系。[①] 未来，互联网技术标准应实现全领域的深度覆盖，建立 5G 融合应用标准等网络通信标准体系，形成大数据、云计算、人工智能、物联网等多领域的技术标准体系；同时，实现互联网技术标准化水平的大幅提升，推进各类创新技术成果的标准转化，提高标准转化率和转化效率，集中形成新型信息通信前沿技术标准体系，提高标准体系的公共服务能力。

3. 全球技术标准话语权日益提升

网络技术标准的国际化转化是国家综合实力的重要组成部分，也是推进互联网多边合作，提升我国网络技术话语权和竞争力的重要方式，是网

① 中共中央 国务院印发《国家标准化发展纲要》[EB/OL]. 中国政府网 ,(2021-10-10)[2023-01-13]. http://www.gov.cn/zhengce/2021-10/10/content_5641727.htm.

络空间命运共同体建设的重要途径。随着网络空间国际竞争的日趋激烈，美国等西方国家企图通过制定排他性的技术标准体系，组建与我国相对抗的技术合作联盟，拉拢一些以东南亚国家为代表的技术合作主体，提高地区协同能力。因此，技术标准的国际话语权与主导权直接关系着我国在国际竞争中的地位。当前阶段，我国必须加快完善自身技术标准体系，着力推进技术标准的国际化转化。

加快提升我国对网络空间的国际话语权和规则制定权。核心技术是信息化时代国际合作与竞争的关键要素，在相关领域取得国际话语权优势，制定具有国际化水准的技术标准与规则，有益于为我国互联网发展创造有利的外部环境，夯实更加稳固的国际合作基础，对于网信事业的长远发展至关重要。目前，我国关键技术标准制定的国际话语权有待提高，标准研制水平与世界先进水平相比仍有较大差距，大数据、云计算、物联网等重要技术标准仍由国际标准化组织（ISO）、电气和电子工程师协会（IEEE）等西方国家主导的标准制定机构组织制定和完善。

《国家标准化发展纲要》对我国标准化开放程度作出明确部署指示，要求深化标准化国际合作，建立更为密切的国际标准化合作伙伴关系，持续优化标准制定透明度和国际化环境，达到国家标准与国际标准的高度契合，到 2025 年，国际标准转化率达到 85% 以上。为实现这一目标，我国必须加紧筑牢标准化发展基础，推进建设更高水平的国际一流研究机构和人才队伍，培育技术标准创新基地，为标准研制提供更高的基础设施和服务水平，在此基础上，不断推进网络技术标准达到世界先进水平，使中国特色网络技术标准体系成为国际兼容、开放互利的技术标准体系。

（二）网络安全和主权得到维护

当今时代，信息革命不断深化，互联网技术不断更新，网络世界与现实社会的联系日益紧密，网络空间已经成为各国进行战略布局、开展资源争夺的重要领域，网络安全和主权越来越成为一个国家的核心利益所在[①]。网络安全牵一发而动全身，没有网络安全就没有国家安全，就没有经济社会稳定运行。[②]随着互联网技术的深入发展，网络成为国家主权的新疆域，国家对网络资源的控制权、使用权、规则制定权、战略主动权等直接关系到国家根本利益，关乎人民生命财产安全和社会的平稳运行。因此，网络强国战略必须将维护网络安全和主权作为重点目标加以推进。

1. 网络安全得到有力保障

网络安全是总体国家安全观的重要内容，解决好互联网空间的安全问题，不仅是党长期执政和国家长治久安的重要保障，也是维护好、发展好最广大人民根本利益的必然要求。因此，网络强国建设必须将保障网络安全作为目标，始终坚持安全与发展并重，为维护网络安全提供制度保障和技术支持，提高数字化安全保障能力，牢筑网络安全防线。

当前我国网络安全面临诸多挑战：网络窃密、网络舆论煽动、不良势力网络勾结等行为严重危害国家政治安全，网络攻击有可能造成交通、金融等公共服务系统瘫痪，不良网络信息、不正确价值观的传播可能危害青少年身心健康，网络诈骗、盗取版权等问题损害个人和公司权益，影响社会和谐与稳定。当前，以美国为代表的西方国家利用技术优势构建了“火眼”“猎鹰”等网络安全防护系统，并运用非法手段对世界各国展开网络攻击。此外，美国借助国际舆论及外交途径散布兜售有关网络安全的中国威胁谣言，编造诸如“中国黑客假装伊朗黑客攻击以色列”[③]等不实消息。中国互联网络信息中心统计数据显示，我国互联网用户仍然面临各类网络安全风险，截至 2022 年 6 月，21.8% 的网民遭遇个人信息泄露，17.8% 的网

① 汤景泰，林如鹏．论习近平新时代网络强国思想 [J]. 新闻与传播研究，2018,25(1):5-20,126.

② 习近平．在中央网络安全和信息化领导小组第一次会议上的讲话 [N]. 人民日报 ,2014-02-28(1).

③ 王逸．美国“火眼”编造瞎话，称“中国黑客假装伊朗人网攻以色列”，中国使馆驳斥 [EB/OL]. 环球网 ,(2021-08-12)[2023-01-29].https://world.huanqiu.com/article/44JjZ9A5QlM.

民遭遇网络诈骗。[①] 网络诈骗的形式和手段不断多样化和复杂化，虚拟中奖诈骗、网络购物诈骗、网络兼职诈骗等行为仍然频繁出现。同时，我国还面临着全球互联网发展空间的激烈争夺，需要应对技术、舆论、话语权等各领域的巨大挑战。因此，网络安全保障仍然任重而道远，必须加强统筹规划，高度重视安全问题，严格防范技术漏洞与潜在风险。

国家网信办发布的《国家网络空间安全战略》指出，要推进网络空间和平、安全、开放、合作、有序，维护国家主权、安全、发展利益[②]。维护网络安全既是网络强国建设的目标和方向，也是网络强国的实现路径，安全的保障有赖于网络强国建设过程中各个目标的整体推进。因此，网络强国建设需要统筹各个方面的发展任务，以保障网络空间的安全与稳定。

从社会安全保障方面看，网络强国建设需要实现更高的基础设施保障水平，针对通信、交通、医疗等基础服务领域形成完善的监测、预警、响应机制，有效防范化解各类经济社会风险。从技术防御能力建设来看，网络强国建设需要达到更高的自主研发水平，形成具有威慑力的信息技术和反制能力。同时，保障基础技术元器件制造和供应稳定，提高科技创新和进口替代水平，掌握核心技术，筑牢安全屏障，建成具有国际一流水平的管理、研发人才队伍，培养复合型网络安全人才。从法律制度建设和执行方面来看，网络强国建设需要建成完善的法律体系，针对威胁我国网络安全的组织和个人制定明确的管理方案和惩治措施。从网络安全管理水平来看，实现网络安全的全过程管理，加快规划实施网络安全保护和防御措施，把网络安全纳入数据信息系统，以实现全周期管理，提升相关管理工作的预见性和战略性。[③] 同时，网络强国建设要统筹好国内国际两个大局，在国际领域形成公平开放的网络对话空间，建立多边、民主、透明的国际互联

① 中国互联网络信息中心 . 第 50 次中国互联网络发展状况统计报告 [EB/OL]. 中国互联网络信息中心 ,(2022-08-31)[2023-01-18].http://www.cnnic.net.cn/n4/2022/0914/c88-10226.html.

② 国家互联网信息办公室 .《国家网络空间安全战略》全文 [EB/OL]. 中国网信网 ,(2016-12-27)[2023-01-29].http://www.cac.gov.cn/2016-12/27/c_1120195926.htm.

③ 陈鲸 . 为网络安全保驾护航 [N]. 人民日报，2021-11-05(9).

网治理体系，实现更为深入的国际网络安全合作。

2. 网络主权得到坚定捍卫

2016 年 12 月 27 日，国家网信办发布《国家网络空间安全战略》，明确指出：网络空间已经成为与陆地、海洋、天空、太空同等重要的人类活动新领域，国家主权拓展延伸到网络空间，网络空间主权成为国家主权的重要组成部分。① 当前国际环境为我国网络主权带来多方面的挑战，网络空间资源争夺、规则制定权抢占日趋激烈，网络空间军备竞赛威胁国家主权与社会稳定，为我国网络主权的维护带来诸多不确定因素。一方面，维护我国网络主权，是保障我国安全和发展利益、维护社会长治久安的重要前提；另一方面，尊重各国网络主权，维护和平安全、促进开放合作、构建良好秩序，有助于提升我国国际话语权。

《国家网络空间安全战略》明确提出将坚定捍卫网络空间主权作为战略任务，依法管理我国主权范围内的网络活动，保护我国信息设施和信息资源安全，采取包括经济、行政、科技、法律、外交、军事等一切措施，坚定不移地维护我国网络空间主权。坚决反对通过网络颠覆我国国家政权、破坏我国国家主权的一切行为。同时，我国坚持尊重各国网络空间主权的原则，不搞网络霸权和双重标准，不利用网络干涉他国内政，尊重各国自主开展网络管理，制定发展模式和发展规划，平等参与网络空间的全球治理。

具体来看，捍卫我国网络空间主权需要实现以下几个方面的目标：第一，自主制定网络空间相关法律法规，自主开展网络治理的权利得到坚决维护。目前，我国已经建立了较为完善的网络治理法律体系和发展规划，依法展开常态化网络治理工作，净化网络生态，营造健康网络空间，初步形成以《中华人民共和国网络安全法》为主导的网络治理法律法规体系。但是，当前法律法规体系在覆盖性、前瞻性等方面仍有待提升。为此，我

① 国家互联网信息办公室.《国家网络空间安全战略》全文 [EB/OL]. 中国网信网 ,(2016-12-27) [2023-01-29].http://www.cac.gov.cn/2016-12/27/c_1120195926.htm.

们必须依据互联网发展大势，敏锐把握网络空间出现的新情况和新问题，牢牢将网络空间治理规则制定的主动权掌握在自己手中。第二，信息资源安全和公民在网络空间的合法权益得到坚决维护。我国网信事业发展始终贯彻以人民为中心的发展思想，坚决维护公民的网络空间合法权益。2021年8月，我国颁布《中华人民共和国个人信息保护法》，规定除特殊情况外处理个人信息应取得个人同意，同时规定向境外提供个人信息需要通过国家网信部门组织的安全评估。网络强国战略必须将维护本国公民的网络空间合法权益放在重要地位，不断推进本国信息资源使用的规范化，严格管理数据出境等工作的审查和把关，掌握本国数据资源使用主权。第三，本国自主管理网络空间秩序的权利得到坚决维护，依据法律惩治危害国家安全和利益的信息传播。2000年国务院颁布的《互联网信息服务管理办法》明确规定互联网信息服务者不得制作、复制、发布、传播含有下列内容的信息：反对宪法所确定的基本原则的信息；危害国家安全，泄露国家秘密，颠覆国家政权，破坏国家统一的信息；损害国家荣誉和利益的信息；煽动民族仇恨、民族歧视，破坏民族团结的信息；等等。网络强国战略必须不断提升我国网络空间管理的执法能力，提高防范和处置网络空间违法犯罪和不良行为的管理水平，把握网络空间管理的主动权。

（三）数字经济高质量发展

国家统计局发布的《数字经济及其核心产业统计分类（2021）》中指出，数字经济是指以数据资源作为关键生产要素、以现代信息网络作为重要载体、以信息通信技术的有效使用作为效率提升和经济结构优化的重要推动力的一系列经济活动，主要分为数字产品制造业、数字产品服务业、数字技术应用业、数字要素驱动业、数字化效率提升业等五个大类。[①] 从产业类

① 国家统计局.《数字经济及其核心产业统计分类（2021）》国家统计局令第33号[EB/OL].(2021-06-03)[2023-01-18].http://www.stats.gov.cn/tjgz/tzgb/202106/t20210603_1818129.html.

型来看，分类将设备制造、通信传输技术等基础设施以及互联网软件、信息等服务归为数字产业化的主要内容，其他与互联网技术相结合的实体产业则属于产业数字化范畴，二者共同组成数字经济的核心产业。

发展构建以数据为关键要素的数字经济，是把握新一轮科技革命和产业革命的重要战略选择。数字产业化和产业数字化赋予了经济社会巨大的发展机遇，在新发展理念的引领下，数字经济催生了大量新业态，激发了新兴产业的发展活力，同时为传统产业的转型升级提供了有效路径。习近平总书记指出，要一手抓传统产业转型升级，一手抓战略性新兴产业发展壮大，推动制造业加速向数字化、网络化、智能化发展……① 网络强国建设肩负着我国信息化事业和现代化建设的重要使命，必须将数字经济发展作为战略目标重点推进，促进基础设施、内容服务、“互联网 +”产业协同发展，助力新发展格局的形成，以新发展理念引领高质量发展。

1. 新型数字基础设施优化升级

数字基础设施的配套升级对于数字经济的健康和高质量发展至关重要。新型数字基础设施以技术创新为驱动，以新一代通信网络为基础，以数据和算力设施为核心，以融合基础设施为突破，是信息化时代关键基础设施的重要组成。因此，当前阶段需要重点推进新型数字基础设施建设，加快构建新型数字基础设施体系，推动经济社会的数字化转型升级。《“十四五”数字经济发展规划》指出，要优化升级数字基础设施，加快建设高速泛在、天地一体、云网融合、智能敏捷、绿色低碳、安全可控的智能化综合性数字信息基础设施，提升基础设施网络化、智能化、服务化、协同化水平。②

以 5G 网络为代表的新一代通信基础设施是我国通信技术的重点建设领域。当前阶段，网络强国建设需要推进和优化通信基础设施的建设和覆盖，

① 习近平．在安徽考察时的讲话 [N]. 人民日报 ,2020-08-22.

② 国务院印发《“十四五”数字经济发展规划》[EB/OL]. 中国政府网 ,(2022-01-12)[2022-08-24]. http://www.gov.cn/xinwen/2022-01/12/content_5667840.htm.

同时提高服务能力和保障能力，丰富各项通信技术的应用场景，提升通信资源管理和检测水平。《“十四五”信息通信行业发展规划》（以下简称《规划》）指出，要加快5G独立组网规模化部署，拓展5G网络在交通枢纽、体育场馆、景点等流量密集区的深度覆盖。加快千兆光纤网络的规模部署，推进老旧小区接入能力改造，拓展云化虚拟现实及超高清视频等新场景应用。推进骨干网、IPv6服务和性能升级，推动移动物联网技术开发平台建设，加快卫星通信布局，优化国际海陆缆等通信设施的建设和保护工作。①

随着信息革命的演进，生产力形式也经历着巨大变革，人类社会正在经历从动力时代向算力时代过渡的历史进程，数据与算力越来越成为生产过程中的核心资源。为此，我国必须将数据与算力设施建设作为网络强国建设的重要目标，形成绿色低碳、智能泛在、安全可控的数字基础设施系统，为数字经济发展提供必要保障。《规划》提出，要推动数据中心高质量发展，鼓励数据聚集区建设，提高数据资源共享调度能力，实施数据中心节能绿色改造，提高数据中心能源利用效率。②同时，构建多层次算力设施体系和数据共享交换平台，提高数据和计算资源的利用率；推进人工智能算法框架升级和数据的开放共享，提升相关基础设施服务水平，为人工智能开发提供良好的发展环境；促进区块链建设，提高系统间互联互通能力。此外，《规划》对融合基础设施提出了发展要求，全面推进工业互联网、车联网的部署和应用，推动远程医疗、沉浸式教学等社会生活相关的数字基础设施建设，促进新型城市基础设施的智能化升级。

2. 内容服务创新发展

数字产业化是数字经济发展的重要方面，主要包括电信业、电子信息制造业、软件和信息技术服务业、互联网和相关服务业等。其中，互联网

① “十四五”信息通信行业发展规划[EB/OL]. 中国政府网,(2021-11-16)[2023-01-18].http://www.gov.cn/zhengce/content/2021-01/12/content_5667817.htm.

② “十四五”信息通信行业发展规划[EB/OL]. 中国政府网,(2021-11-16)[2023-01-18].http://www.gov.cn/zhengce/content/2021-01/12/content_5667817.htm.

内容服务是数字产业化的集中表现，包括软件开发、新闻信息、影音产品、在线教育、直播等细分领域，逐渐呈现多元化的发展趋势和创新潜能。互联网内容以其丰富性、多样性不断吸引广大受众群体，各类互联网平台、社会化媒体逐渐成为用户获取信息、发布信息、传播信息的主要空间。可见，内容服务不仅是数字经济的重要组成部分，更是关系社会生活、舆论建设、国家软实力建设的关键领域，因此网络强国战略必须推进内容服务的创新发展，促进数字产业不断迸发创新活力，推动社会经济健康发展。

近几年，以社交团购、直播带货等为代表的内容服务产业呈现出迅速增长势头，互联网内容服务蕴藏的巨大发展潜能逐渐显露。2020 年，我国数字产业化规模达到 7.5 万亿元，占数字经济比重的 19.1%，占国内生产总值比重的 7.3%①，以互联网软件、信息、影音产品为主要特征的网络内容服务稳步发展，其中，音视频服务企业保持了较快增长，互联网企业是内容服务提供的主体，也是数字产业化发展的主力军。中国互联网协会发布的《中国互联网企业综合实力指数（2021）》显示，2021 年我国前百家企业互联网业务总收入达到 4.1 万亿元，同比增长 16.9%，盈利增速创三年来的新高②，互联网企业创收能力不断增强，未来发展形势持续向好。

但是，我国互联网企业的内容服务发展仍然存在一些问题亟待解决。行业盈利的两极分化现象严重，各类资本向头部企业集中的趋势越发明显，各种内容服务类型之间发展不均衡，社交、游戏等占据明显优势地位，不利于互联网产业的持续健康发展。因此，网络强国战略必须推进互联网企业转型升级，引导其不断提升管理水平与创新能力，促进企业内容产品创新发展，满足日益增长的消费需求，加强反垄断管理工作，推动行业健康发展；此外，还应不断提升内容生产质量管理水平，增强创新型内容的吸引力和竞争力，推动优质内容出海“扬帆”。

---

① 中国信息通信研究院．中国数字经济发展白皮书 [EB/OL]. 中国信通院网 ,(2021-04)[2023-02-01]. http://www.caict.ac.cn/kxyj/qwfb/bps/202104/P020210424737615413306.pdf.

② 中国互联网协会．中国互联网企业实力指数（2021）[EB/OL]. 中国互联网协会 ,(2021-11-26)[2023-02-01]. https://www.isc.org.cn/resource/editor/attached/file/20211126/20211126153906_76073.pdf.

3.“互联网+”产业高质量发展

互联网技术不断融入社会经济发展的各个领域，全球数字经济迅猛发展，不断成为重组全球资源要素、重塑全球产业结构、改变全球竞争格局的关键力量。“互联网+”产业是产业数字化的重要表现。传统产业数字化不仅是数字经济发展背景下的必然要求，更是促进产业转型、推动资源高效配置和实现公平共享的有效途径。作为我国关键战略目标，“互联网+”产业的高质量发展同样被视为网络强国建设目标的重要方面。

目前，我国产业数字化建设已经初显成效。根据《中国数字经济发展白皮书（2021）》，2020年我国数字经济规模达到39.2万亿元，占国内生产总值比重为38.6%①，数字经济成为经济持续健康发展的强大动力。同时，我国农业、工业、服务业数字化转型水平不断提升，线上购物、直播带货、远程教育等新业态蓬勃发展，“丝路电商”等国际化数字合作项目稳步推进。但是，我国产业数字化发展仍然面临一些问题与挑战：数据作为生产要素的巨大潜质尚未得到充分开发，技术创新、行业创新能力有待提升，数字资源的分配不够均衡，数字鸿沟问题亟待解决，数字经济治理体系仍需进一步完善。

《“十四五”数字经济发展规划》中指出，到2025年，数字经济迈向全面扩展期，数字经济核心产业增加值占GDP比重达到10%。② 数字化创新引领能力、智能化水平大幅提升，数字技术与实体经济深度融合，数字经济治理体系更加完善，数字经济竞争力和影响力稳步提升。从生产要素来看，数字经济的发展需要更为活跃的数据市场，建立所有权明晰、交易行为透明有序、符合市场发展规律的数据市场体系，进而为数字生产和流通的各个环节提供有力支撑。从产业发展来看，数字产业化和产业数字化

① 中国信息通信研究院．中国数字经济发展白皮书[EB/OL]．中国信通院网，(2021-04)[2023-02-01]. http://www.caict.ac.cn/kxyj/qwfb/bps/202104/P020210424737615413306.pdf.

② 国务院印发《“十四五”数字经济发展规划》[EB/OL]．中国政府网，(2022-01-12)[2022-08-24]. http://www.gov.cn/xinwen/2022-01/12/content_5667840.htm.

进程需要大幅提升，一方面提高数字产品和服务的研发和生产能力，另一方面加速传统产业的数字化融合与转型。

4. 数字经济产业升级带动力增强

数字经济作为一种新兴产业形态，催生出大量互联网相关产业，为社会经济发展注入强劲动力。同时，数字经济对于社会经济发展的重要价值还表现在优化经济结构，引领产业升级的带动力等方面，体现了互联网与各行业的融合发展趋势，不断创造经济发展的新动能，助力社会经济的高质量发展。习近平总书记指出，我国经济已由高速增长阶段转向高质量发展阶段，要充分发挥信息化对经济社会发展的引领作用。[①] 因此，网络强国战略必须适应新阶段的经济发展特征，将提高数字经济引领力作为重要目标，引导产业升级和结构调整。

信息化与工业化的深度融合是数字经济发展的重要方向。2020 年，农业、工业、服务业数字经济渗透率均有增长，我国数字产业化规模达到 7.5 万亿元，占国内生产总值比重为 7.3%，占数字经济比重达 19.1%；产业数字化规模达到 31.7 万亿元，占国内生产总值比重为 31.2%，占数字经济比重达到 80.9%。可见，产业数字化越来越成为数字经济增长的重要驱动力。

未来，网络强国建设需要继续推进产业数字化深层次拓展和加速，提高数字经济的产业升级带动力；以数字化为引领，推进工业互联网成为产业转型升级的高效路径，为实体经济发展提供强大驱动力；推动“5G+ 工业互联网”等项目实施，达到更为广泛的应用覆盖领域，全面促进传统产业的网络协同和连接水平，提高智能化生产水平，形成实时高效的监测和服务体系，引领产业主体建立智能化、数字化管理体系。

---

① 习近平 . 在全国网络安全和信息化工作会议上的讲话（2018 年 4 月 20 日）// 中共中央党史和文献研究院编 . 习近平关于网络强国论述摘编 [M]. 北京：中央文献出版社 ,2021:135.

（四）网络内容生态得到优化

互联网的诞生改变了人们生活和交流的方式，随着平台服务的丰富和信息技术的演进，人们的线上活动不断丰富。互联网成为与现实生活不可分割的一部分，网络空间成为亿万民众共同的精神家园。网络空间的建设和发展有赖于良好的网络生态。习近平总书记指出，网络空间天朗气清、生态良好，符合人民利益。网络空间乌烟瘴气、生态恶化，不符合人民利益。① 因此，网络强国建设必须以人民为中心，营造出清朗健康的网络空间，建设好人民共同的精神家园。

1. 网络意识形态工作取得成效

意识形态工作始终是党的一项极其重要的工作，是为国立心、为民立魂的工作。新闻舆论工作是意识形态工作的核心内容，正确的舆论引导能够成为激发全社会团结奋进的强大力量。当今时代，互联网日益成为信息传播的主要渠道，也成为新闻舆论工作的主要阵地，更是意识形态工作的主战场。信息技术为意识形态工作提供了新技术手段，同时也对意识形态工作提出了新的挑战。网络意识形态工作形势日益严峻，各类思潮交汇碰撞，负面有害的思想言论滋生，破坏着网络空间的和谐稳定，威胁国家意识形态安全。网络强国建设必须牢牢把握党在网络意识形态工作中的主动权。

习近平总书记指出，必须旗帜鲜明、毫不动摇坚持党管互联网，加强党中央网信工作的集中统一领导，确保网信事业始终沿着正确方向前进。② 党对网信事业的领导不仅是意识形态工作的必要保障，也是应对舆情风险

---

① 习近平．在网络安全和信息化工作座谈会上的讲话（2016 年 4 月 19 日）// 习近平．论党的宣传思想工作 [M]. 北京：中央文献出版社 ,2020:196.

② 习近平．在全国网络安全和信息化工作会议上的讲话（2018 年 4 月 20 日）// 中共中央党史和文献研究院编．习近平关于网络强国论述摘编 [M]. 北京：中央文献出版社 ,2021:10.

与挑战的现实要求。长期以来，某些西方国家企图通过诋毁党的领导实现西化分化目的，妄图从根本上动摇我国社会和谐稳定的基础。在此背景下，网络空间的治理工作必须坚持党的领导这一根本性原则。

意识形态工作的根本任务是巩固马克思主义在意识形态领域的指导地位，巩固全党全国人民团结奋斗的共同思想基础。[①]意识形态工作必须坚持马克思主义的指导地位，坚持以人民为中心的价值取向，为人民代言、为人民立言，把实现好维护好发展好最广大人民的根本利益作为根本出发点和落脚点，从而凝聚起众志成城的磅礴力量。

2. 网络内容得到有效治理

党的十八大以来，以习近平同志为核心的党中央高度重视互联网治理工作，推进管理体制机制改革，加强党对网信工作的集中统一领导。2014年2月27日，中央网络安全和信息化领导小组第一次会议召开，网络强国战略目标首次提出，我国网信事业的战略蓝图也由此展开。[②]长期以来，网信事业肩负着互联网生态治理的重要使命，其目标是营造清朗的网络空间，对于社会发展和国家安全都具有重要意义。首先，推进我国网信事业的发展是维护公民权益的必然要求，和平、安全、开放、合作、有序的网络空间是人们参与和使用互联网的基础保障。同时，有效的网络生态治理也是维护社会公共秩序，处理好网络突发事件、虚假和有害信息等问题的关键。

当前，我国网络信息内容生态治理仍然面临着多重挑战：网络内容生产和分发更加多元、专业和智能，使得网络信息更为丰富、生动、感性，同时造成了信息同质化问题和内容低俗化问题，网民素质的参差不齐也导致了群体极化和网络暴力。[③]面对网络空间的内容乱象，我国出台了《网络安

① 张瑜，谷永鑫．习近平总书记关于意识形态工作重要论述论析 [J]. 社会主义核心价值观研究，2019,05(05):5-15.

② 习近平总书记指引清朗网络空间建设纪实 [J]. 中国网信，2022(2).

③ 谢新洲．加强网络内容建设，营造风清气正的网络空间 [N]. 光明日报，2019-02-26(16).

全法》《个人信息保护法》《互联网新闻信息服务管理规定》《网络信息内容生态治理规定》等法律法规，为清朗网络空间的营造提供了法律依据与制度准绳。与此同时，“净网”“剑网”“护苗”等专项整治行动深入推进，对有害内容、“饭圈”问题、明星炒作、未成年人保护等重点问题予以有效治理。

网信事业的推进不仅需要集中解决当前的内容生态问题，也要兼顾安全与发展，着眼互联网生态的长远建设与可持续发展。为此，网络强国战略必须不断推进网络综合治理能力建设，形成科学化、系统化、规范化、标准化的网络内容治理制度设计，推进数据资源的全网共享和交叉识别，实现管理操作的智能化和现代化。在未来发展的过程中，网络强国战略更要着力建立健全针对性强、可操作、易执行的规则和标准体系，实现平台责任的具体化、数据化和实时化。

3. 网络文化全面繁荣

网络文化反映着网络空间的整体气象和精神风貌，也潜移默化地影响着广大互联网使用者的思想观念、价值判断和道德情操。当前，我们要推动文化繁荣兴盛，传承、创新、发展中华优秀传统文化，注重网络内容建设，让网络空间正气充盈。

网络文化的全面繁荣是互联网治理成果的重要显现，更是使互联网真正满足大众文化需求的重要体现。培育积极健康、向上向善的网络文化，是社会主义核心价值观在互联网时代广泛传播的必然要求，是全媒体传播环境下新闻舆论工作的重要任务，是中华优秀传统文化和中华民族伟大精神在新时代不断创新发展的重要前提。因此，网络信息内容生态的健康发展离不开网络文化的繁荣，生态清朗的网络空间有赖于优秀网络文化的助力。

随着媒体融合进程的加速，我国网络文化培育工作不断推进，网络文化的形式更加丰富多样，内容更具中国特色和时代价值。近年来，我国深入推进网上党史和政策学习，各大主流媒体不断推出新创意，诞生了“学习小组”“侠客岛”“学习强国”等具有创造力和吸引力的融媒体平台（客户端）。同时，中华优秀传统文化内容实现创造性转化、创新性发展，各类古风歌曲在社交媒体平台迅速走红，绒花制作等非遗技艺通过互联网收获大量关注，汉服、书法、诗词等优秀传统文化元素不断被网络内容创作吸纳和创新。但是，我国网络文化建设仍然面临挑战。例如，知名艺人在社交媒体公开参拜靖国神社的照片，引发公众对网络空间历史虚无主义的反思；一些文艺工作者放弃潜心创作，转而专注直播带货，甚至宣传伪劣产品，助长不良社会风气……随着传播技术进步和手段的丰富，网络文化的形态和内涵不断演变，其建设和治理也处于动态发展的过程之中。

互联网思想文化对人类文明进步的贡献情况是衡量网络强国建设水平的重要标准之一。[①] 网络强国建设不仅要营造良好的网络文化氛围，使得优质的文化内容滋养人心、激励人心，而且要着眼互联网文化综合实力和影响力，促进人类文化的大发展、大交流、大融合。为此，网络强国建设必须统筹规划网络文化建设，形成有效的优质内容激励机制和内容治理体系，为优秀文化内容的传播提供更多元的展示路径，为中华民族优秀文化和精神内涵走向世界提供更为广阔的舞台，同时致力于培育网络文化的多样性、包容性，实现多种网络文化交流碰撞、创新发展、积极向上的繁荣景象。

（五）国际互联网话语权得到提升

随着互联网的发展和普及，多元的立场和观点不断注入网络平台，网络空间成为国际舆论的重要阵地。当今时代，国际局势风起云涌，网络舆论成为国际事务、政治局势发展的重要影响因素。同时，社交媒体的发展丰富了舆论的形成和传播方式，加剧了各国之间的意识形态斗争和对国际

① 谢新洲．迈向网络强国建设新时代 [N]. 人民日报，2018-03-23(7).

互联网话语权的抢占。目前，国际舆论存在被美国等西方国家主导的态势，我国在海外平台的影响力和发言权依然有限，这也使得我国在一些重大议题的国际传播工中往往处于较为被动的地位。面对这一现状，网络强国建设必须将提升我国的国际互联网话语权作为重要发展目标，深入认识互联网时代国际舆论形势的深刻变革，努力提升我国的国际影响力、中华文化感召力、中国形象亲和力、中国话语说服力、国际舆论引导力。

1. 主流媒体传播影响力显著提升

媒体是信息传递和交流的重要载体。随着传播实践与互联网技术的不断融合，以互联网为平台的新媒体大量涌现，在信息传播中扮演着越发重要的角色。长期以来，推进传统媒体与新兴媒体的融合成为我国媒体建设工作的主要方向。从早期的报纸期刊电子化转型，到传统媒体门户网站的建立，再到各类社交媒体官方账号以及新闻客户端的推出，传统媒体的传播内容和形式不断丰富创新，媒体融合的进程不断深入。新型主流媒体是媒体融合发展的最终目标，不仅涵盖媒介形式的融合，更包含体制机制、政策措施、流程管理、人才技术等多方面的深度融合。

面对新兴媒体不断挤占市场份额，国际互联网舆论斗争日益复杂、严峻，网络观点激烈碰撞等现实情况，必须建设形态多样、手段先进、具有竞争力的新型主流媒体，这也是主流媒体革新图存的必然选择①。同时，主流媒体在互联网领域的传播力和影响力也直接关乎意识形态工作的稳步推进，关乎党对网络意识形态工作主动权的把握。新型主流媒体之“新”体现在思维之新，新型主流媒体之“主流”则体现在传播影响力提升。② 新型主流媒体建设之所以对于网络意识形态工作至关重要，一方面源自其对传统媒体公信力、影响力、引导力的继承和发展，另一方面源自新型传播理念、技术等要素的赋能。因此，网络强国建设必须将新型主流媒体建设作

① 童兵. 论新型主流媒体 [J]. 新闻爱好者，2015(7):5-7,1.

② 石长顺，梁媛媛. 互联网思维下的新型主流媒体建构 [J]. 编辑之友，2015(1):5-10.

为网络意识形态工作的重要任务加以推进。

新型主流媒体建设是网络强国建设的重要目标，不仅担负着网络舆论引导、网络文明建设等多重使命，更关系到我国互联网舆论斗争与意识形态安全等重大问题。在媒体融合加速推进的背景下，“两微一端”成为当前媒体融合实践的主流模式。主流媒体通过微博、微信、客户端等平台进行实时新闻报道，同时在各类新媒体平台上通过直播、vlog（视频博客）、短视频等形式进行呈现，满足用户的多样化信息消费需求。但是，目前新型主流媒体建设实践仍然难以摆脱占领平台、机械搬运、盲目追求粉丝数量等问题。[①]

新型主流媒体建设应不止于新技术、新平台，更要着眼于互联网思维下的新管理理念和方法，建立符合网络传播规律的网络内容生产与传播体系，形成具有传播力、引导力、影响力、公信力的新型主流媒体平台。

2. 国际传播手段和内容不断优化

提升国际话语权、提高国际传播能力，需要丰富国际传播手段和内容，调整和优化国际传播策略，实现差异化、分众化、个性化传播，提升国际传播的实际效果，切实提升中国故事对海外受众的影响力和吸引力。优化国际传播手段和内容，需要实现以下几个方面的发展目标：

从传播主体来看，国际传播主体的多元化不断增强，形成丰富多样的差异性传播格局。随着互联网和社交媒体的发展，网络传播主体不再局限于传统的专业媒体，用户内容生产成为网络内容的重要生产方式，一些商业媒体、自媒体及个人账号的影响力逐步提升，在某些领域收获了大量关注，成为网络内容传播的有生力量。在此背景下，国际传播应充分发挥多元传播主体在内容出海过程中的创造性和主动性，提升海外传播主体与受众的接近性，增强差异化、分众化传播能力，切实提升国际传播效果。

---

① 谢新洲等．鉴往知来——媒体融合源起与发展 [M]. 北京：人民日报出版社，2021:244-245.

从传播内容来看，国际传播的内容创新水平显著提升，形成一批兼具中国特色和国际竞争力的文化产品。目前，新媒体及互联网技术对网络内容创新的驱动力不断增强，虚拟现实、人工智能等技术的提高推动着内容传播的沉浸式演变和场景化转换，也使更多文化内容的数字化创作和海外传播成为可能。

随着国际传播的内容不断丰富、领域的不断拓展，游戏越来越成为我国数字文化产品出海的重要突破口。2021 年 12 月发布的《2021 年中国游戏产业报告》指出，我国自主研发游戏不断拓展新兴海外市场，随着其竞争力的不断加强，中国文化、中国元素的国际影响力也随之提升。① 网络强国建设必须将我国文化产品的创新发展和海外传播作为重要任务加以推进，运用游戏、文学、数字展览等多样化手段丰富文化产品的表现形式，增强传播的互动性和参与性，增强中国数字产品在海外市场的吸引力和竞争力，打造带有中国文化韵味、彰显中华民族精神、体现中国道路智慧的多重叙事，为我国数字文化产品海外传播吸引更加广泛的受众。

从传播效果来看，国际传播的效果评估机制不断成熟，能够精准掌握海外受众需求与兴趣，实现分众化传播。长期以来，我国国际传播工作面临着文化差异等因素造成的与海外受众之间的隔阂，加之传统对外传播工作“灌输”式的讲述方式，导致传播主体与受众间的有效沟通和对话较少，造成传播过程中容易出现“自说自话”的局面，极大影响了国际传播的有效性。因此，提升我国互联网国际传播话语权，实现有效的国际传播，必须建立在充分了解海外互联网用户需求的基础之上。为此，国际传播工作需要建立更为完善的效果评估机制，开展海外媒体平台意见收集、用户调研、市场分析等工作，找准海外互联网用户的内容消费需求以及沟通对话的有效切入点，实现国际互联网空间的精准传播。

---

① 2021 年中国游戏产业报告正式发布 [EB/OL]. 人民网，(2021-12-16)[2023-01-18]. http://jinbao.people.cn/n1/2021/1216/c421674-32310114.html.

3. 自主国际传播阵地建设持续推进

深耕国际传播阵地，为国际传播建立支点，有利于保障国际传播工作的高效开展。目前，国际主流社交媒体平台仍由欧美国家主导，我国海外传播的自主阵地建设较为薄弱，互联网国际传播话语权受到海外平台规则的制约，仍然难以摆脱依附海外互联网平台的现状，由此造成了国际传播工作的被动局面，在国际传播的可见度、自由度等方面受到诸多限制，媒体的声音和力量较为有限。面对国际网络空间话语权激烈争夺，我国必须加快建立自主可控的国际传播阵地，增强自身传播力和影响力，在国际互联网内容生产、传播以及规则制定中取得更多话语权和主动权。

推进网络空间自主国际传播阵地建设，必须加强各传播主体的协同和整合能力，形成海外传播主体联动机制，明确各主体定位和分工，有效发挥各类主体的创造力和独特性，提升传播内容和形式的差异化和分众化水平，增强传播有效性。同时，国际传播与国内传播工作的紧密性日益增强。互联网进一步加剧消息的扩散速度与广度，使得一些国内新闻为国外媒体放大和渲染意识形态冲突制造可乘之机，我国对外传播阵地的薄弱性更加剧了这种局面。为此，自主国际传播阵地建设必须增强国内外传播资源的共享性和联通性，形成内外统一的常态化联络和互通机制，有效回应国际舆论，及时传播中国声音。

在增强自身建设的同时，国际传播工作必须增强我国国际传播主体对国际媒体市场规则的适应力，提升国际市场竞争力，打造具有自身特色和本土适应性的国际化互联网传播阵地。目前，国际媒体市场秩序仍然以欧美国家为中心，形成了以美国为主导的评判标准和运行规则。在此背景下，我国对国际传播市场格局和秩序的参与和影响有限，缺乏能够具备足够竞争力的传播力量。为此，国际传播工作必须积极主动地参与到国际媒体生态的发展和运行中，善于利用当前媒体规则，形成兼具中国特色和本土化吸引力的传播内容，打造能够贯穿全球媒体市场的传播渠道，形成国际媒体竞争优势，实现国际传播效能提升。

（六）互联网服务社会治理潜能得到释放

随着新技术的不断迭代升级，互联网越来越成为推进社会治理现代化和效能提升的变革性力量。互联网不仅能够实现社会治理主体的数字化连接，提高治理效率、丰富沟通渠道、优化治理效果，而且能够推进社会治理方式的现代化升级，建立以新型数字基础设施为平台的智能化社会治理体系，提升社会治理效能。目前，我国互联网服务社会治理的潜能尚未完全释放，一些新技术及新型数字设施在社会治理中的应用尚不充分，地区间社会治理的现代化水平还存在着发展不平衡的问题，互联网与社会治理的融合发展潜力亟待进一步挖掘。因此，网络强国建设必须将互联网与社会治理的融合发展作为重要目标，大力提升社会治理主体的网络连接水平，推动社会治理方式数字化转型，推进国家治理体系和治理能力现代化。

1. 实现社会治理主体的全面网络连接

通过互联网实现各治理主体间的连接是互联网推进社会治理现代化的重要基础，网络基础设施的全面覆盖是实现该项目标的重要方面。目前，我国网络基础设施持续优化，供给能力不断提升，截至 2022 年 6 月已建成 5G 基站 185.4 万个，实现了“县县通 5G，村村通宽带”的数字新基建目标。截至 2022 年 6 月，我国网民规模达到 10.51 亿。[①] 越来越多的用户享受到互联网带来的美好和便利，共同见证网络强国的建设历程；越来越多的人民群众能够通过网络这一渠道反映民意，解决问题，推进社会治理效能的提升。

各类数字基础设施成为社会治理的重要平台依托，逐步推动实现智能

① 中国互联网络信息中心．第 50 次中国互联网络发展状况统计报告 [EB/OL]. 中国互联网络信息中心 ,(2022-08-31)[2023-01-18].http://www.cnnic.net.cn/n4/2022/0914/c88-10226.html.

化、现代化治理。《规划》提出，到2025年，基本建成高速泛在、集成互联、智能绿色、安全可靠的新型数字基础设施体系。在已有发展成果的基础上，仍需继续推进5G网络、千兆光纤网络的全面覆盖，推进骨干网、物联网全面升级。同时，实现数据和算力基础设施的高质量发展，推进共享数据设施及多层次算力设施的建设，着力推动人工智能、区块链等领域的基础设施协同发展；实现融合基础设施的服务提升，提高工业互联网、车联网、远程教育与医疗以及智能城市管理等方面的基础设施水平，实现基础设施的绿色智能发展。

在此基础上，治理主体连接水平的提高进一步缩小城乡差距，加快互联网和信息资源的公平共享，推进社会治理的良性发展。近年来，城乡互联网使用差距逐渐缩小。第50次《中国互联网络发展状况统计报告》显示，截至2022年6月，我国城镇地区互联网普及率为82.9%，农村地区普及率为58.8%。因此，我国必须继续推进网络和通信基础设施的全面覆盖，促进城乡发展深度融合。此外，高速信息化时代更需要精心照料“慢行者”，针对以部分老年人为代表的智能设备使用的弱势群体，着力推进信息无障碍环境建设，提升各类智能应用的无障碍化水平和多群体适用性，推进智能上网设备在社会生活各个方面的广泛和有效应用，将互联网建设成果惠及全体人民。

2. 推进社会治理方式的创新发展

互联网以其连接能力和组织能力，在社会治理中发挥着愈发重要的中介作用。一方面，互联网作为基础设施甚至是基础环境，从场域、主体、关系、资源、手段、价值、理念等多个方面对社会治理的底层逻辑产生影响，使得社会治理面临新对象、新问题、新挑战，需要适应互联网带来的网络化、数字化、平台化趋势；另一方面，互联网技术发展持续推动着服务创新和功能优化，从公共服务、舆论引导、知识科普、应急管理等方面为社会治理提供了更多的可能性。特别是在新冠疫情期间，为应对这一波及全球的重大公共危机，互联网平台积极贡献着“数字抗疫”的工具和方案，推出在线辟谣平台、线上会议 / 办公 / 教育平台、“健康码”等应急产品和创新应用，在凝聚社会共识、普及防疫知识、推动复工复产、构建防疫网络等方面发挥了突出作用。调整社会治理理念和方式以适应互联网对社会治理环境的改变，同时利用互联网创新社会治理方式和手段以提升社会治理效能，成为建设网络强国的应有之义。

（七）构建网络空间命运共同体

网络强国战略不仅是推进我国互联网事业发展的重要举措，也是应对全球网络空间挑战的系统方案，旨在为解决网络空间发展治理这一关乎人类前途命运的问题贡献中国智慧和中国方案。[①] 互联网提供了造福全人类的技术手段和传播方式，也为世界各国带来了巨大挑战。以信息资源为基础的数字鸿沟不断加剧国与国、人与人之间的差距，成为阻碍社会稳定与全球化进程的重要因素；信息技术为不法分子、恐怖组织提供了新型犯罪手段，各国政府面临数据泄露、黑客攻击等威胁；各国在网络空间的竞争日益加剧，话语权争夺持续升级，全球秩序和国家主权安全面临前所未有的挑战。在此背景下，我国呼吁共建网络空间命运共同体，推动形成公平公正的国际互联网发展新秩序。

1. 全球网络资源分配更加平衡

互联网是全人类共用共享的活动空间，各国应共享数字化和信息化带来的发展红利。在信息革命的浪潮下，大数据、人工智能、云计算、物联网等技术推动了生产方式和产业结构的深刻变革，创造了新的产业形态和经济增长点。数字鸿沟、信息霸权是网络空间普遍存在的沉疴旧疾，随着

① 谢新洲 . 网络强国战略思想的理论价值和时代贡献 [N]. 人民日报，2018-06-05(7).

网络空间重要性的提升，这些问题可能随之持续激化，对社会发展造成更大的危害性。数字鸿沟和信息霸权问题从本质上反映了互联网资源全球分配的失衡，这一局面可能进一步固化网络信息资源的现有分配和管理制度。一些发达国家利用数字产业国际竞争优势控制世界经济命脉。

要让更多国家和人民搭乘信息时代的快车、共享互联网发展成果。[①] 基于开放共享的理念，数字时代的蛋糕既要做大，也要分好。当前我国致力于公平互联网秩序的建设和推进，积极主动地参与到国际规则制定的过程中，参加联合国互联网治理论坛等网络空间国际治理活动，带头制定和发布《二十国集团数字经济发展与合作倡议》，促进全球互联网治理体系的改革和完善。[②] 习近平主席在第二届世界互联网大会上提出构建网络空间命运共同体的"五点主张"，包括加快全球网络基础设施建设和打造网上文化交流共享平台等。

我国在推进互联网红利全球分配和共享的过程中直面全球互联网发展问题，积极维护世界各国的互联网参与权、发展权、治理权，体现了大国智慧与担当。同时我们也应该深刻认识到，互联网资源分配问题的解决不仅需要依赖多国的短期援助和共享实践，而且有赖于公平公正的全球互联网规则的建立与执行。放眼全球，更为开放、公平、非歧视的数字市场亟待建设，多边透明的数字贸易体系有待完善，符合世界各国和全人类发展利益的互联网治理体系有待建立。平等尊重、创新发展、开放共享、安全有序，这既是网络空间发展的目标，也是我国网络强国建设的方向。

2. 各国网络主权和安全得到维护

当前，国家、组织和个人对网络技术的依赖日益增加，互联网不再单纯是用户交流和传播的工具，而是在各个战略层面逐渐成为价值冲突与权

① 习近平．在第二届世界互联网大会开幕式上的讲话（2015 年 12 月 16 日）// 习近平．论党的宣传思想工作 [M]. 北京：中央文献出版社 ,2020:172.

② 庄荣文．顺应信息革命时代潮流，奋力推进网络强国建设 [N]. 学习时报，2022-04-20(1).

力争夺的武器。网络在造福人类的同时，战争、犯罪、恐怖主义等人类社会发展的阴暗面不断被引入网络空间。一些国家在绝对安全观的主导下，推进网络空间军事化管理措施，大力推动网络攻防能力建设、研发网络武器，网络军备竞赛和网络战爆发的可能性大大提升。公平公正的全球互联网秩序的缺位更加剧了这一局面，各国面临一定的主权与安全威胁。

同时，网络空间犯罪行为日益猖獗，呈现全球化、多领域的特征。网络恐怖活动不断升级越界，为人类社会带来一定的安全风险。犯罪分子将实施网络犯罪的场所移居他国，通过信息倒流和跨境联合逃避打击，从事诈骗、赌博、色情和洗钱等犯罪活动。各国法律和社会制度方面的差异则进一步增加对跨境犯罪活动的控制难度。网络某种程度上降低了实施恐怖活动的门槛，加速了恐怖思想的传播，拓宽了恐怖活动的影响范围。

网络安全是全球性挑战，没有哪个国家能够置身事外、独善其身，维护网络安全是国际社会的共同责任。因此，世界各国必须保持对网络主权与安全威胁的清醒认识，加强合作、共同应对，推进互联网国际反恐公约、全球犯罪司法协助机制的建立。同时，在全球范围内，各国达成共治共享网络空间的共识，共同反对网络窃密、网络攻击、网络军备竞赛等有碍互联网公平公正的行为，使互联网成为世界各国携手共建共享的共同精神家园。

3. 多领域合作纵深发展

网络技术打破了人类交流的时空界限，使世界成为地球村。互联网的发展无国界、无边界，其发展过程中的问题和挑战需要世界各国共同面对。当今时代，数字经济跨国发展态势日益强劲，信息资源的全球流通逐渐加速，全球数字贸易持续发展。同时，全球互联网资源垄断和分配不均衡问题逐渐加剧，数字安全风险以及网络犯罪的跨国性和流动性越发显著，全球信息使用和交易规则亟待建立。这些问题的解决关系多方发展利益，需要多方协商推进，达成共识。因此，加深网络空间治理多领域合作向纵深发展，是互联网全球化背景下的必然要求，是网络空间命运共同体构建的重要路径。

我国始终以“四项原则”“五点主张”为指引，积极推动多领域互联网治理的合作与交流。从2014年至今，我国已经连续举办九届世界互联网大会，与各国政要、国际组织负责人、国内外互联网企业代表密切交流，共话全球互联网发展的未来图景。在此过程中，多方就构建网络空间命运共同体达成共识，形成了相关倡议与概念文件，国际领域的互联网合作不断推进，世界各国在中国方案的推动下积极开展国际互联网共治共享。我国长期坚持务实合作，建立多边数字合作伙伴关系，举办了亚太经合组织（APEC）数字减贫研讨会、中国—东盟信息港论坛、中非互联网发展与合作论坛等，为世界各国加强数字化信息化合作提供对话机制与交流平台，稳步推进5G技术的全球推广与应用，为全球互联网发展与治理贡献力量。

当今，各国应积极推进互联网在各领域的国际合作向纵深发展，抓住信息革命的时代机遇，深入开展国际合作项目的开拓创新工作。在此过程中，各国应以构建网络空间命运共同体为目标，形成反对网络霸权、促进共治共享的理念，坚持尊重主权与安全、公平正义的基本原则贯穿合作始终，建立健全各国平等对话协商的沟通机制，推动务实合作不断迈入新阶段、取得新成就。

4. 全球互联网治理体系形成

网络空间是人类共同的活动空间，网络空间的互联互通、共享共治、和谐发展有赖于公平健康的互联网秩序的运行。近年来，全球范围内重大网络安全事件层出不穷，各种网络攻击活动频繁发生，影响能源、金融、电信、航空、政务等多个重要行业领域。个别国家强化进攻性网络威慑战略，大规模发展网络作战力量，网络冲突风险不断加剧。因此，各国亟须建立多边、民主、透明的全球互联网治理体系，以营造开放、健康、安全的全球网络生态，维护网络空间的长久和平、稳定、发展和繁荣。

随着互联网技术的不断成熟、网络应用领域的进一步扩展，互联网治理理念随之发展和变化，全球互联网也逐渐走向安全与发展并重的治理路径，在维护网络安全、防范技术风险的同时更加着力探索全球基础设施的建设与完善、数字化产业合作的推进以及公平非歧视市场原则的建立和推行，积极推进互联网治理在全球贸易、地区合作、文化交流、技术创新等方面的引领和带动作用。

在互联网发展过程中，我国始终秉持开放共享的理念，在引领全球数字经济发展的同时，积极推动全球信息市场公平秩序的建立，在全球网络治理中发挥着越来越重要的作用。我国不仅为世界互联网发展提供了实践经验与资源助力，而且为互联网的长期治理提出了中国方案。在全球互联网治理体系深刻变革的背景下，构建网络空间命运共同体越来越成为国际社会的广泛共识。近年来，我国不断完善自身互联网制度体系，相继制定颁布了《中华人民共和国网络安全法》《中华人民共和国数据安全法》《中华人民共和国个人信息保护法》等法律法规，不断提高互联网治理能力，积极推进国际数字贸易谈判，建立健全多边对话协商机制。

推进全球互联网治理体系的建设过程，也是世界各国携手共治、公平协商的过程。国际网络空间治理应该坚持多边参与、多方参与，发挥政府、国际组织、互联网企业、技术社群、民间机构、公民个人等各种主体作用，构建全方位、多层面的治理平台。全球互联网治理体系的建立应遵循联合国宪章，需要多方积极配合，明确责任分工等基本原则，形成一致的行动规则和运行机制。在此基础上，新的全球互联网秩序才能真正反映世界各国的发展需求和多方利益，建立真正有益于全球互联网资源均衡分配、促进多方协商合作、尊重和维护各国主权与安全的保障制度。因此，我国必须始终将推进全球互联网治理体系建设作为参与互联网全球治理的重点目标，在合作交流中推动制定能被各方接受的网络空间规则，包容差异、追求共赢，使各国在全球互联网体系中获得平等的发展权、使用权、参与权和治理权。

第七章 网/络/强/国

网络强国的实现路径

党的十八大以来，以习近平同志为核心的党中央高度重视互联网的发展与治理，统筹推进网络安全和信息化工作。在习近平总书记关于网络强国的战略思想指引下，我国网信事业取得了历史性成就，发生了历史性变革。党中央对网信工作的集中统一领导有力加强，网络空间主旋律和正能量更加高昂，网络综合治理体系日益完善，网络基础设施建设步伐加快，数字经济发展势头强劲，信息领域核心技术自主创新取得突破，信息惠民便民成效显著，网络安全保障体系和能力建设全面加强，网络空间法治化进程加快推进，网络空间国际合作深化拓展。① 我国正从网络大国向网络强国阔步迈进。

尽管如此，我们仍要清醒认识到，我国网信事业同世界先进水平相比还有一定差距，互联网发展与治理仍面临诸多问题和挑战，我国仍属于网络大国而尚未成为网络强国。从网络大国到网络强国，表面上只有一字之差，实际上意味着质的飞跃。在迈向网络强国的道路上，我国仍有一些关键问题亟待解决，仍有一些重点难题亟待攻关。进入新时代，面对新环境、新问题、新挑战，网络强国的实现路径既要与网络强国目标体系相承接，又要与现实问题和实际需求相呼应，理论与实践相结合，坚持走中国特色的互联网发展与治理之路，找差距、补短板、强弱项，努力把我国建设成为网络强国。

---

① 中共中央宣传部举行新时代网络强国建设成就发布会 [EB/OL]. 网信中国 ,(2022-08-19)[2023-01-29].https://mp.weixin.qq.com/s/kpI59zDF6q89Jc3wGc1dPQ.

一、坚持党的领导，坚定捍卫网络空间主权，坚决维护国家安全

习近平总书记指出：“必须旗帜鲜明、毫不动摇坚持党管互联网，加强党中央对网信工作的集中统一领导，确保网信事业始终沿着正确方向前进。”[①] 坚持党的领导，是建设网络强国的首要前提和根本保证，是坚持和发展中国特色社会主义、以信息化建设推动实现中国式现代化的内在要求。维护网络空间主权和国家安全，是建设网络强国的核心内涵，是推动互联网发展与治理的基础保障。没有网络安全就没有国家安全，就没有经济社会稳定运行，广大人民群众利益也难以得到保障。

（一）加强党对网信工作的集中统一领导

建设网络强国，首先要毫不动摇地坚持党管互联网，加强党对网信工作的集中统一领导。要深刻认识加强党对网信工作领导的特殊重要性，以党的政治建设为统领，大力加强网信战线党的建设，突出全面从严治党这个关键，确保网信系统广大党员干部站稳政治立场、坚定政治方向、提高政治站位、保持政治定力，坚决维护习近平总书记党中央的核心、全党的核心地位，坚决维护党中央权威和集中统一领导。[②] 要继续加强党对网络意识形态工作的全面领导，把网络意识形态工作作为意识形态工作的重中

① 习近平．在中央网络安全和信息化领导小组第一次会议上的讲话 [N]. 人民日报 ,2014-02-28(1).

② 庄荣文．网络强国建设的思想武器和行动指南——学习《习近平关于网络强国论述摘编》[EB/OL]. 求是网 ,(2021-02-01)[2023-01-30].http://www.qstheory.cn/dukan/qs/2021-02/01/c_1127044103.htm.

之重，严格落实网络意识形态工作责任制，有力维护意识形态安全和政治安全。①

加强党对网信工作的集中统一领导，就是要把党管媒体的原则贯彻到新媒体领域，所有从事新闻信息服务、具有媒体属性和舆论动员功能的传播平台都要纳入管理范围，所有新闻信息服务和相关业务从业人员都要实行准入管理。②要发挥中央网络安全和信息化委员会决策和统筹协调作用，在关键问题、复杂问题、难点问题上定调、拍板、督促。③要加快推进网信三级工作体系建设，落实好地方网信部门主要负责同志双重管理体制，确保上下联动、令行禁止。④各级党政机关和领导干部要学网、懂网、用网，科学认识网络传播规律，准确把握网上舆情生成演化机理，不断推进工作理念、方法手段、载体渠道、制度机制创新，提高用网治网水平。⑤走好网上群众路线，不断提高对互联网规律的把握能力、对网络舆论的引导能力、对信息化发展的驾驭能力、对网络安全的保障能力。⑥要充分发挥群团组织优势，发挥企业、科研院校、智库等作用，充分调动企业家、专家学者、科技人员、广大群众的积极性、主动性、创造性，汇聚全社会力量齐心协力推动网信工作。⑦

如今，我国网信事业发展迅速，取得了历史性成就，归根结底在于以习近平同志为核心的党中央坚强领导，在于习近平新时代中国特色社会主

---

① 中共中央宣传部举行新时代网络强国建设成就发布会 [EB/OL]. 网信中国 ,(2022-08-19)[2023-01-29].https://mp.weixin.qq.com/s/kpI59zDF6q89Jc3wGc1dPQ.

② 习近平 . 坚持党的新闻舆论工作的正确政治方向 (2016 年 2 月 19 日)// 习近平 . 论党的宣传思想工作 [M]. 北京 : 中央文献出版社 ,2020:183-184.

③ 习近平 . 在全国网络安全和信息化工作会议上的讲话（2018 年 4 月 20 日）// 中共中央党史和文献研究院编 . 习近平关于网络强国论述摘编 [M]. 北京 : 中央文献出版社 ,2021:10.

④ 习近平 . 在全国网络安全和信息化工作会议上的讲话（2018 年 4 月 20 日）// 中共中央党史和文献研究院编 . 习近平关于网络强国论述摘编 [M]. 北京 : 中央文献出版社 ,2021:10-11.

⑤ 习近平 . 在全国宣传思想工作会议上的讲话（2018 年 8 月 21 日）// 中共中央党史和文献研究院编 . 习近平关于网络强国论述摘编 [M]. 北京 : 中央文献出版社 ,2021:13.

⑥ 习近平 . 在全国网络安全和信息化工作会议上的讲话（2018 年 4 月 20 日）// 中共中央党史和文献研究院编 . 习近平关于网络强国论述摘编 [M]. 北京 : 中央文献出版社 ,2021:11.

⑦ 习近平 . 在全国网络安全和信息化工作会议上的讲话（2018 年 4 月 20 日）// 中共中央党史和文献研究院编 . 习近平关于网络强国论述摘编 [M]. 北京 : 中央文献出版社 ,2021:11.

义思想，特别是习近平总书记关于网络强国的战略思想的科学指引。[①] 加强党对网信工作的集中统一领导，必须深入学习贯彻习近平新时代中国特色社会主义思想特别是习近平总书记关于网络强国的战略思想，全面把握其世界观和方法论，坚持好、运用好贯穿其中的立场观点方法，尤其是深刻领会“两个结合”“六个坚持”的核心要义和基本要求，做到知其言更知其义、知其然更知其所以然，切实将党的创新理论贯彻落实到网信工作各方面全过程。[②]

（二）维护网络安全，推进网络安全体系建设

维护网络安全，首先要认清网络安全面临的形势和任务，着眼于覆盖世界范围、贯穿社会多领域的网络安全风险隐患加剧，清醒认知现阶段我国网络安全防控能力仍较薄弱的现实情况，充分认识维护网络安全的严峻性、重要性和紧迫性。维护网络安全，关键是要树立正确的网络安全观——网络安全是整体的而不是割裂的，是动态的而不是静态的，是开放的而不是封闭的，是相对的而不是绝对的，是共同的而不是孤立的。要处理好安全与发展的关系，准确把握网络安全和信息化的“一体两翼”关系，同步推进网络安全和信息化工作，以安全保发展、以发展促安全。

维护网络安全，要从规制、技术、产业、社会等方面全方位加强网络安全体系建设。加强网络安全规制体系建设，在《中华人民共和国网络安全法》的基础上，进一步加快对网络安全细分领域、重点领域、新兴领域的立法进程，深化规制效力，完善依法监管措施。重点加强数据安全保护和管理，加快数据安全相关法规制度建设，制定数据资源确权、开放、流通、交易相关制度，完善数据产权保护制度；加大个人信息保护力度，规范互联

① 中共中央宣传部举行新时代网络强国建设成就发布会 [EB/OL]. 网信中国 ,(2022-08-19)[2023-01-29].https://mp.weixin.qq.com/s/kpI59zDF6q89Jc3wGc1dPQ.

② 庄荣文：深入学习宣传贯彻党的二十大精神 奋力开创新时代网络强国建设新局面 [EB/OL]. 中国网信网 ,(2023-01-20)[2023-01-30].http://www.cac.gov.cn/2023-01/20/c_1675849957312140.htm.

网企业和机构对个人信息的采集，特别是做好数据跨境流动的安全评估和监管。

加强网络安全技术体系建设，加大对网络安全技术的投入、研发和建设，以技术对技术，以技术管技术，做到“魔高一尺、道高一丈”，切实增强网络安全防御能力和威慑能力。利用大数据挖掘分析，加强网络安全态势感知和网络安全预警监测，确保大数据安全，建立统一高效的网络安全风险报告机制、情报共享机制、研判处置机制，准确把握网络安全风险发生的规律、动向、趋势。加快构建关键信息基础设施安全保障体系，强化并切实做好国家关键信息基础设施、数据基础设施安全防护。加强网络安全事件应急指挥能力建设，实现对网络安全重大事件的统一协调指挥和响应处置。

加强网络安全产业体系建设，加大对网络安全核心技术的市场化引导，进一步发展网络安全产业，优化网络安全产业统筹规划和整体布局，深化支持网络安全企业发展的政策措施，培育形成一批具有国际竞争力的网络安全企业。加强网络安全社会协同体系建设，坚持网络安全为人民，网络安全靠人民，积极动员、引导企业、社会组织、广大网民参与网络安全工作。建立政府和企业网络安全信息共享机制，把企业掌握的网络安全信息利用起来。[①] 深入开展网络安全知识技能宣传普及，提高广大人民群众网络安全意识和防护技能。[②] 坚持网络安全教育、技术、产业融合发展，形成人才培养、技术创新、产业发展的良性生态。[③]

① 习近平 . 在网络安全和信息化工作座谈会上的讲话（2016 年 4 月 19 日）// 习近平 . 论党的宣传思想工作 [M]. 北京：中央文献出版社 ,2020:204.

② 习近平 . 在全国网络安全和信息化工作会议上的讲话（2018 年 4 月 20 日）// 中共中央党史和文献研究院编 . 习近平关于网络强国论述摘编 [M]. 北京：中央文献出版社 ,2021:101.

③ 习近平对国家网络安全宣传周作出重要指示强调 坚持安全可控和开放创新并重 提升广大人民群众在网络空间的获得感幸福感安全感 [N]. 人民日报 ,2019-09-17(1).

（三）加强法规制度建设，推动依法治网

完善互联网领域法律法规制度建设，是推动依法治网的重要基础，是促进互联网健康发展、有效治理的强力保障。我国坚持依法治网，持续推进网络空间法治化进程。自 1994 年接入国际互联网以来，我国已制定数十部与互联网有关的法律、行政规范和部门规章，基本形成信息化建设战略体系、网络安全规制体系、网络生态治理体系、网络执法体系等，网络空间规范化、法治化程度提升，为我国互联网健康有序发展提供了制度准绳。然而，相较互联网尤其是新兴媒体、新兴技术快速发展之势，既有的互联网法律法规及制度体系仍存在滞后性和空白地带，应对网络空间发展变化的适应性和可持续性、解决网络空间问题的系统性和可操作性有待提升，依法治网、网络执法能力和水平有待提高，网络平台（企业）、广大网民尊法守法意识有待增强。

建设网络强国，要坚持把依法治网作为基础性手段，继续加快制定、完善互联网领域法律法规，推动依法管网、依法办网、依法上网，确保互联网在法治轨道上健康运行。[①] 加快网络立法进程，加强互联网发展及治理重点领域立法及制度建设，加强技术发展预测及研判，增强互联网制度体系对互联网快速发展的适应性和针对性。重点研究并规制数据安全、数据资源管理、数据确权及价值认定等数据领域关键问题；加快数字经济、互联网金融、人工智能、大数据、云计算等领域立法步伐，努力健全国家治理急需、满足人民日益增长的美好生活需要必备的法律制度；[②] 警惕新技术新业务的潜在风险，着重关注人工智能、物联网、下一代通信网络等新技术

① 习近平．在全国网络安全和信息化工作会议上的讲话（2018 年 4 月 20 日）// 中共中央党史和文献研究院编．习近平关于网络强国论述摘编 [M]. 北京：中央文献出版社 ,2021:45.

② 习近平主持中共中央政治局第三十五次集体学习并发表重要讲话 [EB/OL]. 中国政府网 ,(2021-12-07)[2023-01-30].http://www.gov.cn/xinwen/2021-12/07/content_5659109.htm.

新应用发展趋势，积极利用法律法规和标准规范加以引导[①]。

理顺多层次、多领域互联网法律法规制度逻辑，凝聚制度合力。一方面，要进一步夯实包括法律、司法解释、行政规范、部门规章、行业规范等在内的多层次网络法律法规制度体系，深化各位阶法律法规制度的衔接和配合，确保依法治网有高度、有抓手、有效力，推动行业与属地相配合、应急与常态相协同、发展与评估相承接；另一方面，随着互联网法律法规制度建设向新兴领域、细分领域延伸，相关法律法规制度越来越多且越来越细，有必要梳理好法律法规制度间的层级关系和规制逻辑，加强系统性阐释，避免出现法律法规制度间相互矛盾、难以衔接等问题，避免留下随意释法空间或监管真空。

完善依法监管措施，加大网络执法力度，规范网络执法行为。在网络立法或司法解释中，进一步明确各类网络信息犯罪（特别是新型网络信息犯罪）的定罪界限和量化标准，为网络执法提供有力抓手。注重源头治理，建立健全线上线下有机联动的互联网管理及执法体制机制，充分发挥实名制管理、属地管理、约谈等特色制度优势，并对其加以网络化、新媒体化优化调整，以适应时空无界、虚实交融的互联网环境，解决网络执法管辖权、跨地域跨部门协作、证据调取留存等问题。推动制度建设与专项治理行动相结合，严厉打击利用互联网开展的各类违法犯罪活动，尤其警惕新型网络犯罪，依法加强网络生态治理、整治网络乱象，在重要节点、对重点人群加大治理力度。加强网络普法宣传，督促网络平台落实监管主体责任的同时，要求其加强对互联网领域法律法规的阐释和普及，比如阐释好平台对用户数据的保护和管理方式及其依据、平台对违规内容及用户举报的处置方式及其依据等，在实践中提升网络普法宣传的生动性和感染力，增进社会公众对网络法律法规及平台规则的理解和认同。

---

① 习近平对国家网络安全宣传周作出重要指示强调 坚持安全可控和开放创新并重 提升广大人民群众在网络空间的获得感幸福感安全感 [N]. 人民日报 ,2019-09-17(1).

（四）推广发展治理理念，构建网络空间命运共同体

在全球化发展进程中，互联网发展与治理成为世界各国共同面对的重大课题。任何国家都不可能逆历史潮流而动，单纯从自身的利益和喜好出发塑造全球网络空间治理结构。2016 年 4 月 19 日，习近平总书记主持召开网络安全和信息化工作座谈会并发表重要讲话，指出大国网络安全博弈，不单是技术博弈，还是理念博弈、话语权博弈。① 党的十八大以来，我国高举网络主权大旗，推动构建网络空间命运共同体，积极参与全球互联网治理进程，创设并成功举办世界互联网大会，在网络空间的国际话语权和影响力显著提升，中国理念、中国主张、中国方案赢得越来越多的认同和支持。②

建设网络强国，要大力推广具有中国特色和中国智慧的互联网发展治理理念，推动构建网络空间命运共同体。大力宣介习近平总书记关于构建网络空间命运共同体的理念主张，坚持尊重网络主权、维护和平安全、促进开放合作、构建良好秩序等全球互联网治理的“四项原则”和构建网络空间命运共同体的“五点主张”③：倡导加快全球网络基础设施建设，促进互联互通；打造网上文化交流共享平台，促进交流互鉴；推动网络经济创新发展，促进共同繁荣；保障网络安全，促进有序发展；构建互联网治理体系，促进公平公正。

在维护网络安全与主权、营造开放公平的数字发展环境、加强关键信息基础设施保护、维护互联网基础资源管理体系安全稳定、打击网络犯罪和网络恐怖主义、促进数据安全治理和开发利用、构建更加公正合理的网络空间治理体系、建设网上美好精神家园、坚持互联网的发展成果惠及全

① 习近平．在网络安全和信息化工作座谈会上的讲话（2016 年 4 月 19 日）// 习近平．论党的宣传思想工作 [M]. 北京：中央文献出版社 ,2020:205.

② 习近平总书记掌舵领航网信事业发展纪实 [J]. 中国网信 ,2022(1).

③ 习近平．在第二届世界互联网大会开幕式上的讲话（2015 年 12 月 16 日）// 习近平．论党的宣传思想工作 [M]. 北京：中央文献出版社 ,2020:171-175.

人类等方面深入开展网络空间国际交流合作，推动构建更加紧密的网络空间命运共同体[①]。充分发挥多边机制在全球数字治理中的重要作用，加快提升我国对网络空间的国际话语权和规则制定权。积极参与国际互联网规则体系和治理体系变革和建设，在事关国家安全和利益的关键问题、前沿问题上主动发出中国声音，贡献中国方案。坚持塑造公正合理的网络空间国际秩序，持续为网络空间国际治理提供积极的理念型公共产品，加大对网络空间国际治理的机制与制度供给，积极参加国际性、区域性网络空间国际合作组织，发挥作为负责任大国的重要作用，以网络空间国际交流合作助力高水平对外开放。

① 国务院新闻办公室．携手构建网络空间命运共同体白皮书 [EB/OL]. 国新网 ,(2022-11-07)[2023-01-29].http://www.scio.gov.cn/zfbps/32832/Document/1732898/1732898.htm.

二、加强技术创新，实现科创兴国

科技立则民族立，科技强则国家强。技术建设是网络强国实现路径的重中之重。只有掌握了核心技术，我国才可能在全球化竞争中立足和发展。习近平总书记指出："要顺应第四次工业革命发展趋势，共同把握数字化、网络化、智能化发展机遇，共同探索新技术、新业态、新模式，探寻新的增长动能和发展路径，建设数字丝绸之路、创新丝绸之路。"[①] 在以互联网技术为核心的第四次工业革命发展中，我国要充分利用好时代发展机遇，加强技术建设和投入，在国内外竞争日益激烈的环境中，实现科创兴国。

（一）政府重点投入，实现核心技术突破

核心技术是国之重器。我国要下定决心、保持恒心、找准重心，加速推动信息领域核心技术突破。抓产业体系建设，在技术、产业和政策上共同发力。遵循技术发展规律，做好体系化技术布局，优中选优、重点突破。[②] 对核心技术的掌握能力，决定一个国家的网络安全能力、信息化的发展阶段和关键信息基础设施建设水平、网络综合治理能力，也在很大程度上决定一个国家在国际互联网产业生态链中的地位、在国际网络空间的话语权。

加快核心技术创新。我国要大力实施创新驱动发展战略，把更多人力、财力、物力投向新一代信息领域核心技术研发，强化重要领域和关键环节

① 习近平．推动共建"一带一路"高质量发展 // 中共中央党史和文献研究院，中国外文局编．习近平谈治国理政（第三卷）[M]. 北京：外文出版社 ,2020:493.

② 网络传播杂志．敏锐抓住信息化发展历史机遇 自主创新推进网络强国建设 [EB/OL]. 中国网信网 ,(2018-08-02)[2022-08-20].http://www.cac.gov.cn/2018-08/02/c_1123212082.htm?from=timeline.

任务部署，集中精锐力量，遵循技术规律，分梯次、分门类、分阶段推进。应当看到，信息技术的市场化程度很高，很多前沿技术表面上看是单点突破，实际上是从信息技术整体发展的丰厚土壤中孕育出来的。这就需要把核心技术生成的母体培育好，建设好产业链、价值链和生态系统，积极推动产学研成果转化，有效促进上下游资源整合，着力加强市场应用和创新。互联网技术迭代速度很快，今天的领先技术很快就可能成为明日黄花。我国要摒弃简单模仿、一味跟跑的惯性思维，着眼下一代互联网技术，努力实现"弯道超车"或"变道超车"，赢得未来竞争的先机。

（二）重视基础技术，"政府搭台、企业唱戏"

衡量一个国家网络空间综合实力的标准有很多，其中网络基础建设情况、信息基础设施普及程度都是评判的重要维度。当前我国网络空间的发展与互联网大国、强国之间仍存在差距，在基础设施建设、管理水平、创新能力等方面仍有较大发展空间。

在信息化基础设施建设方面，我国要推动网络信息基础设施建设与完善，推进 5G 基站建设与全面加速发展，为建设网络强国提供有力技术支撑。我国目前已经阶段式实现数字基础设施跨越发展。移动通信技术从"3G 突破""4G 同步"到"5G 引领"，4G 基站占全球一半以上，5G 基站达到了 185.4 万个，5G 移动用户数超 4.5 亿户。[①] 未来，我国要持续推进智能化基础设施的建设。《"十四五"数字经济发展规划》指出，要建设高速泛在、天地一体、云网融合、智能敏捷、绿色低碳、安全可控的智能化综合性数字信息基础设施。有序推进骨干网扩容，协同推进千兆光纤网络和 5G 网络基础设施建设，推动 5G 商用部署和规模应用，前瞻布局第六代移动通信网络技术储备，加大 6G 技术研发支持力度，积极参与推动 6G 国际标准化工

① 中共中央宣传部举行新时代网络强国建设成就发布会 [EB/OL]. 网信中国 ,(2022-08-19)[2023-01-29].https://mp.weixin.qq.com/s/kpI59zDF6q89Jc3wGc1dPQ.

作。[①] 积极稳妥推进空间信息基础设施演进升级，加快布局卫星通信网络等，推动卫星互联网建设。提高物联网在工业制造、农业生产、公共服务、应急管理等领域的覆盖水平，增强固移融合、宽窄结合的物联接入能力。

在数字化基础设施和技术方面，对5G网络和千兆光网建设的加强，能够有效推动国家在工业互联网、车联网、智能领域的战略布局，从而推动经济社会高质量发展，为制造强国、网络强国、数字中国提供有力支撑。

在夯实建设基础的过程中，我国可以采用“政府搭台、企业唱戏”策略。政府可以出台与信息基础设施有关的项目任务清单，大力推进各个地区尤其是网络建设尚不发达的地区基建项目落地。各地方政府作为基础设施建设的推动者，可以结合本地建设情况开展基础设施的建设规划工作，也可以组织研究力量、创造研究条件，建立如大数据中心、AI实验室，遵循市场逻辑，推动产业发展。例如，上海市曾明确提出要建设具有当地特色的“新基建”四大重点领域——以新一代网络基础设施为主的“新网络”建设、以创新基础设施为主的“新设施”建设、以人工智能等一体化融合基础设施为主的“新平台”建设、以智能化终端基础设施为主的“新终端”建设。政府的主动搭台和积极引导，能够为企业引导方向、提供便利，甚至能在税收和技术方面为企业降低成本，为信息网络基础技术发展和基础设施建设凝聚更多合力。

（三）推动建立技术标准，掌握技术话语权

技术要素的流通和运转、技术规则的有效落地、新的技术开发和探索都离不开技术标准的规范作用。技术标准化是目前全球主要科技大国、互联网大国都在不断探索的内容，技术话语权成为互联网国际竞争的关键。目前，西方国家在互联网相关技术、产品、产业的标准化程度较高，这让

① 国务院印发《“十四五”数字经济发展规划》[EB/OL]. 中国政府网,(2022-01-12)[2022-08-24]. http://www.gov.cn/xinwen/2022-01/12/content_5667840.htm.

他们在国际互联网发展中具有较大的优势，能够制约其他国家的产业发展，甚至在某些领域中能够排除其他国家竞争者。例如，美国在《2019 财年国防授权法案》中，要求联邦政府机构不得采购或获取任何使用“受控的通信设备或服务”，为中国企业“量身定做”一个无法符合的技术标准，大大制约了我国通信设备企业的长期发展。

可以说，哪个国家制定国际化的技术标准和规范，哪个国家就成为国际互联网空间技术规则的制定者，在数字技术后续发展中就能掌握先机、赢得优势。

为了改变技术标准被西方国家垄断的情况，实现技术标准的多元化发展，我国积极主动提出相关产业的标准内容。例如，2018 年 10 月，由我国移动牵头提出的 SPN（面向业务的内网安全解决方案）原创性技术方案，在 2018 年 10 月的国际电信联盟（ITU-T）SG15 全会上成功实现标准立项，并被定位为下一代传送网的系列标准。2020 年，我国提出面部识别软件的标准，受到国际社会的广泛认可，有效提升了信息产业技术标准的国际话语权。标准立项只是国际标准工作的万里长征第一步，在国际标准的推进过程中还面临着多重挑战。未来我国还需要进一步加强自己的技术探索，在 5G 技术、人工智能技术等关键技术领域制定出能够影响世界其他国家的国际标准，实现互联网领域技术话语权提升。

此外，技术标准的建设还要加强在相关专利成果中的国际话语权，切实提升相关主体在国际标准化组织中的地位。只有不断推动技术创新和发展，加快提升专业技术水平，加大核心专利成果申报力度，才能不断影响国际标准化组织，保护中国互联网及通信企业在国际竞争中的正当性和公平性，提升中国技术标准在世界范围中的话语权和主导权。

（四）加强人才建设，提升科研创新能力

网络空间的竞争，关键是人才的竞争。人才是第一资源，人才建设始

终是网络强国技术发展建设的木之本、水之源。为了更好地推动我国网络建设技术、网络安全技术、信息基础技术等技术的发展，我国需要加强对互联网领域各方面专业人才的培养，提升人才储备，提高科研团队研发能力，培养领军人才，为核心技术、关键技术攻关提供源动力。

第一，在人才队伍建设中，首先要加大力度培养网络安全类人才，建立一批有政治觉悟、有科研能力的网络安全人才队伍。信息安全专业作为国家网络信息安全领域重点发展的新兴交叉学科，迫切需要新的人才培养模式。爱国拥党、基础扎实、实战力强、创新力高成为新时代信息安全人才培养的新目标。[①]

第二，需要培养大数据、智能化、移动通信等高新技术领域的专业人才。目前，我国互联网高新技术领域的人才队伍建设不足，需要进一步疏通高校人才培养和业界人才提升之间的通道，为互联网领域的科研人才提供资源支持和实践土壤，并积极推动理论与实践的结合。

第三，需要培养互联网行业与其他行业互融互通的复合型技术人才。“互联网 +”的发展，意味着互联网行业需要与其他行业融合发展，在这一过程中，很多技术人员不仅要求具备互联网行业的技术能力和专业素养，也需要有相关产业行业的知识储备，以满足互联网发展对复合型人才的需求。

第四，需要面向国家战略需求，提高自主创新能力，攻克难关，实现技术引领。党的二十大报告中指出，“以国家战略需求为导向，积聚力量进行原创性引领性科技攻关”[②]。为突破“卡脖子”的网络核心技术，我国需要进一步完善科技创新体系，增强自主创新能力，以创新驱动引领网络技术实现突破性发展和高质量发展。

---

① 郭文忠，张友坤，董晨．网络强国战略背景下的“五位一体”信息安全人才培养模式探索 [J]. 中国大学教学，2020(10):21-24.

② 习近平．高举中国特色社会主义伟大旗帜为全面建设社会主义现代化国家而团结奋斗——在中国共产党第二十次全国代表大会上的报告 [EB/OL]. 中国政府网 ,(2022-10-25)[2023-02-01].http://www.gov.cn/xinwen/2022-10/25/content_5721685.htm.

三、大力发展数字经济，增强互联网产业竞争力

发展数字经济是把握新一轮科技革命和产业革命新机遇的重要战略选择。[①]2021年12月，国务院印发《“十四五”数字经济发展规划》强调“数字经济是继农业经济、工业经济之后的主要经济形态，是以数据资源为关键要素，以现代信息网络为主要载体，以信息通信技术融合应用、全要素数字化转型为重要推动力，促进公平与效率更加统一的新经济形态”[②]。2021年中国数字经济规模达到45.5万亿，占GDP比重达到39.8%，[③]数字经济在国民经济中的作用愈加凸显。党的二十大报告中明确提出，“促进数字经济和实体经济深度融合，打造具有国际竞争力的数字产业集群”[④]。数字经济发展不仅是推进网络强国建设的重要方面，也为其他领域的发展提供坚实的经济基础。

（一）大力发展数字经济，实现成果转换

“十四五”规划对经济领域的数字化发展提出了明确要求，要推进数字

---

① 习近平．不断做强做优做大我国数字经济[EB/OL]. 求是网,(2022-01-15)[2023-01-18]. http://www.qstheory.cn/dukan/qs/2022-01/15/c_1128261632.htm.

② 国务院印发《“十四五”数字经济发展规划》[EB/OL]. 中国政府网,(2022-01-12)[2022-08-24]. http://www.gov.cn/zhengcefagui/202201/t20220117_3782802.htm.

③ 中国信息通信研究院．中国数字经济发展报告（2022年）[R]. 中国信息通信研究院,2022.

④ 习近平．高举中国特色社会主义伟大旗帜为全面建设社会主义现代化国家而团结奋斗——在中国共产党第二十次全国代表大会上的报告[EB/OL]. 中国政府网,(2022-10-25)[2023-02-01].http://www.gov.cn/xinwen/2022-10/25/content_5721685.htm.

产业化和产业数字化，推动数字经济与实体经济融合发展，打造具有国际竞争力的数字产业集群。[①]

从互联网的经济属性看，衡量网络强国建设的重要指标之一就是数字经济的发展情况。数字经济已成为各国谋求经济增长的新动能，在提高现有产业劳动生产率、培育新市场和新产业、实现包容性发展和可持续发展中发挥着重要作用。

我国数字经济发展速度较快，但还需要坚持聚焦高质量发展。当前，我国数字经济过于依赖企业商业模式创新，消费互联网发展迅速，但产业互联网发展仍处于爬坡过坎阶段，在创新、设计、生产制造等核心环节同发达国家相比还有较大差距。互联网产业区域发展不平衡、传统产业数字化转型难、行业巨头垄断导致中小创新型企业难以生存等问题不同程度存在。

因此，我国互联网要大力发展数字经济，有效实现从数字经济到实体经济的成果转换，切实发挥信息化、数字化对生产、流通、分配、消费等经济核心环节的撬动作用，通过发展数字经济推进产业现代化。数字经济是互联网技术创新成果转化的重要方式，是网络强国建设的重要驱动力。大力发展数字经济，需要统筹协调数字经济与实体经济之间的关系，认识到二者相互融合，相互促进的发展规律。对数字经济进行正确合理的引导，加强管理和规范，防范数字经济风险，发挥数字经济对市场、技术、社会生活的积极作用。加快实体经济和数字经济的融合发展，推动互联网、大数据、人工智能与实体经济深度融合，做好数字产业化和产业数字化两篇大文章，发挥数据的基础资源作用和创新引擎作用，加快形成以创新为主要引领和支撑的数字经济，引领带动传统产业转型，推动制造业加速向数字化、网络化、智能化升级。

---

① 中华人民共和国国民经济和社会发展第十四个五年规划和2035年远景目标纲要[EB/OL]. 新华网,(2021-03-13)[2023-01-19].http://www.xinhuanet.com/politics/2021lh/2021-03/13/c_1127205564_17.htm.

（二）发挥数据要素价值，促进信息化建设

以信息化推动现代化，是网络强国建设的重要抓手。“信息化为中华民族带来了千载难逢的机遇”①，当前及未来一段时期，信息化建设进入加快数字化发展、建设数字中国的新阶段，有序推进数据资源开发利用，发挥数据要素价值，将为网络强国建设提供坚实基础。

数据要素是参与社会生产经营活动，带来经济效益，以电子方式记录，事关国家发展的战略性基础性资源，也是驱动数字经济发展的强大动力。②数据作为新型生产要素，是实现数字化、网络化和智能化的基础。数据资源的开发、流通、使用、管理和保护，事关数字经济发展。优化数据资源管理和使用，必须严格推进相关法律和规章制度的实施，推进网络安全法、数据安全法、个人信息保护法的严格执行，同时加大信息基础设施建设和保护力度，强化跨境数据管理，坚决维护国家和个人信息安全。通过建立数据产权制度、数据流通和交易制度、数据要素收益分配制度以及数据要素安全治理制度，促进数据合规高效流通使用、赋能实体经济高质量发展。③

数据资源的有效使用离不开数据安全的保障和规范。网络安全和信息化是我国高度关注的重要发展领域。长期以来，我国持续关注数据安全问题，定期开展数据领域的净网行动。例如，在公安部部署“净网 2021”专项行动的一年内，警方侦办违法采集、提供、倒卖个人信息案件 5400 余起，对相关非法行为实施全链条严厉打击，坚决维护公民的个人数据及隐私安全。④

---

① 习近平 . 在全国网络安全和信息化工作会议上的讲话（2018 年 4 月 20 日）// 中共中央党史和文献研究院编 . 习近平关于网络强国论述摘编 [M]. 北京 : 中央文献出版社 ,2021:42.

② 宋灵恩 .《“十四五”国家信息化规划》专家谈：激发数据要素价值 赋能数字中国建设 [EB/OL]. 中国网信网 ,(2022-01-21)[2023-01-18].http://www.cac.gov.cn/2022-01/21/c_1644368244622007.htm.

③ 中共中央 国务院关于构建数据基础制度更好发挥数据要素作用的意见 [EB/OL]. 中国政府网 ,(2022-12-19)[2023-01-18].http://www.gov.cn/zhengce/2022-12/19/content_5732695.htm.

④ 数据安全步入法治化轨道 [EB/OL]. 人民网 ,(2021-12-27)[2022-01-19]. http://politics.people.com.cn/n1/2021/1227/c1001-32317335.html.

实施国家大数据战略，打破过去数据资源分散、统筹利用不够的局面。以推行电子政务、建设智慧城市等为抓手，以数据集中和共享为途径，推动技术融合、业务融合、数据融合，打破信息壁垒，形成覆盖全国、统筹利用、统一接入的数据共享平台，构建全国信息资源共享体系，运用大数据提升国家治理体系和治理能力现代化水平。

（三）发挥企业主体作用，支持企业发展

企业是数字经济发展的重要力量和实践主体，也是数字经济领域国际竞争的关键参与者。习近平总书记指出："发展数字经济，离不开一批有竞争力的网信企业。要坚定不移支持网信企业做大做强，也要加强规范引导，促进其健康有序发展。"[①] 可见，推进数字经济发展必须充分发挥企业的积极性和创新性，鼓励、支持和引导企业发展壮大，发挥企业发展和创新成果对社会发展的推动作用。

协同推进网信企业发展和产业数字化转型，促进数字经济增长。当前，我国数字经济领域具有国际竞争力的企业相对较少，传统企业数字化转型有待加强。在此背景下，我国出台了《"十四五"数字经济发展规划》等政策文件，指导数字产业做强做优做大，实现健康有序发展。必须充分利用我国海量数据、广阔市场、丰富应用场景等资源优势，鼓励企业积极推出各类数据技术产品、运用市场优势、拓宽应用领域，促进网信企业发展壮大。同时，推动产业数字化迈上新台阶，引导传统企业树立数字思维，"要推动互联网、大数据、人工智能同产业深度融合，加快培育一批'专精特新'企业和制造业单项冠军企业"[②]。

提高企业技术创新活力，发挥企业在技术创新中的主体作用。技术创

① 习近平．在全国网络安全和信息化工作会议上的讲话（2018 年 4 月 20 日）// 中共中央党史和文献研究院编．习近平关于网络强国论述摘编 [M]. 北京：中央文献出版社 ,2021:137.

② 习近平．不断做强做优做大我国数字经济 [EB/OL]. 求是网 ,(2022-01-15)[2023-01-18]. http://www.qstheory.cn/dukan/qs/2022-01/15/c_1128261632.htm.

新与突破是提升我国数字产业竞争力的关键所在，要让企业“成为技术创新主体，成为信息产业发展主体”[①]，明确指出了企业在技术创新和信息产业发展中的重要地位。为此，我国必须持续关注重点技术领域和重大发展需求相关产业发展，发挥企业在技术创新领域的积极作用。同时，要着力推进重点领域发展，如集成电路、新型显示、通信设备等，“培育一批具有国际竞争力的大企业和具有产业链控制力的生态主导型企业”[②]，推动实现高水平自立自强的产业生态，打造世界级数字产业集群。

发挥企业在数字经济发展中的作用，不仅要推进企业做强做优做大，而且要注重产业规范和治理，实现经济效益和社会效益的协调发展。习近平总书记指出，要“支持和鼓励企业开展技术创新、服务创新、商业模式创新，进行创业探索。鼓励企业更好服务社会，服务人民”[③]。由此可见，推动企业数字经济发展成果的社会性转化具有重要意义。《“十四五”数字经济发展规划》中提出，将数字化公共服务水平提升和数字经济治理体系更加完善作为我国数字经济发展目标[④]。因此，我国必须坚持鼓励企业发展和监管规范并重，健全协同监管制度，推进反垄断和防止资本无须扩张等工作，建立健全适应数字经济发展的市场监管、宏观调控和政策法规体系，牢牢守住安全底线，为企业高质量发展提供有力支持。

（四）发展数字经济共同体，加强国际合作

网络强国战略的提出，不仅是为了满足国内产业转型升级的现实需求，

---

① 中共中央党史和文献研究院，中国外文局编．习近平谈治国理政（第一卷）[M]．北京：外文出版社，2018:198-199.

② 习近平．不断做强做优做大我国数字经济 [EB/OL]．求是网，(2022-01-15)[2023-01-18]. http://www.qstheory.cn/dukan/qs/2022-01/15/c_1128261632.htm.

③ 霍小光，罗宇凡．习近平在视察“互联网之光”博览会时强调 要用好互联网带来的重大机遇 深入实施创新驱动发展战略 [N]．人民日报，2015-12-17(2).

④ 国务院印发《“十四五”数字经济发展规划》[EB/OL]．中国政府网，(2022-01-12)[2022-08-24]. http://www.gov.cn/xinwen/2022-01/12/content_5667840.htm.

也是为了应对数字经济领域激烈的国际竞争形势。数字经济是世界经济发展的重要方向。全球数字经济是开放和紧密相连的整体，合作共赢是唯一正道，封闭排他、对立分裂只会走进死胡同。我国正在逐步构建发展数字经济共同体，2014 年，《亚太经合组织促进互联网经济合作倡议》首次将互联网经济引入亚太经合组织合作框架。2017 年，《亚太经合组织互联网和数字经济路线图》通过，为促进成员经济体间的技术和政策交流，促进创新、包容和可持续的增长，并弥合地区内的“数字鸿沟”，首次将数字经济列为重要议题。2020 年 11 月，《2040 年亚太经合组织布特拉加亚愿景》通过，将数字经济和创新作为三大重点领域之一。

在以亚太经合组织为主体构建的合作倡议中，中国主张要全面平衡落实亚太经合组织互联网和数字经济路线图，加强数字基础设施建设，促进新技术传播和运用，努力构建开放、公平、非歧视的数字营商环境。数字经济的发展，需要各国以开放、平等、积极的心态应对国际合作，决不能一地一国单独发展，而是要因应数字经济流通和国际化发展趋势，通过技术援建、产业链互补、人才培养等方式，深化数字经济领域国际合作。

《“十四五”数字经济发展规划》明确提出要有效拓展数字经济的国际合作，通过加快贸易的数字化发展，深入拓展“数字丝绸之路”，积极推动网络空间的国际合作①，建立多边数字经济合作伙伴关系，构建和平、安全、开放、合作的数字经济共同体，为全球数字经济发展提供中国智慧。

---

① 国务院印发《“十四五”数字经济发展规划》[EB/OL]. 中国政府网 ,(2022-01-12)[2022-08-24]. http://www.gov.cn/xinwen/2022-01/12/content_5667840.htm.

四、深化网络内容治理，营造清朗网络空间

网络内容治理是社会治理在网络空间的投射和延伸，也是信息技术环境下对社会治理体系与治理能力现代化的创新和发展。[①] 网络内容治理水平和能力与网络强国建设情况密切相关。党的二十大报告中明确要求“健全网络综合治理体系，推动形成良好网络生态”[②]。深化网络内容治理，不仅是网络综合治理的重要组成部分，也为营造良好的网络生态、清朗的网络空间提供了重要抓手。

（一）坚持党管媒体，发挥互联网凝聚共识的作用

坚持党的领导是我国网络内容治理最显著的特色。习近平总书记指出，“必须旗帜鲜明、毫不动摇坚持党管互联网，加强党中央对网信工作的集中统一领导，确保网信事业始终沿着正确方向前进”[③]。坚持党的领导既是我国网络内容治理取得突出成绩的法宝，也是我国网络内容治理取得阶段性成果的宝贵经验。在不断探索与实践中，我国逐渐形成了由党委领导、政府管理的领导体制，将意识形态安全作为网络内容治理的核心问题。

---

① 谢新洲，杜燕．政治与经济：网络内容治理的价值矛盾 [J]. 新闻与写作，2020(9):69-77.

② 习近平．高举中国特色社会主义伟大旗帜为全面建设社会主义现代化国家而团结奋斗——在中国共产党第二十次全国代表大会上的报告 [EB/OL]. 中国政府网 ,(2022-10-25)[2023-02-01].http://www.gov.cn/xinwen/2022-10/25/content_5721685.htm.

③ 习近平．在全国网络安全和信息化工作会议上的讲话（2018 年 4 月 20 日）// 中共中央党史和文献研究院编．习近平关于网络强国论述摘编 [M]. 北京：中央文献出版社 ,2021:10.

党管媒体是坚持党的领导的重要方面，党性原则是新闻舆论工作的根本原则。网上网下舆论相互贯通，理论上应成为统一的舆论场，既不能人为地把舆论场分为网上网下，也不允许形成相互割裂的两个舆论场，互联网不能成为“法外之地”“舆论飞地”。党的舆论阵地要姓党，其他媒体也要在党的领导下开展工作。因此，党管媒体，不仅要体现在党报、党刊、广播、电台等传统媒体中，还要体现到新闻网站、商业网站以及新媒体中去，所有从事新闻信息服务、具有媒体属性和舆论动员功能的传播平台都要纳入管理，确保牢牢掌握舆论的主导权、管理权，充分发挥新媒体凝聚共识的作用；要善于通过新媒体反映社情民意、倾听群众呼声，要着力提高网上内容建设的能力和水平，坚持建、管、用相结合，推动媒体融合发展。

当前，我国正处于迈上全面建设社会主义现代化国家、向第二个百年奋斗目标进军的新征程上，能否最广泛地凝聚社会共识关乎民族复兴伟大事业的成败。党的二十大报告提出要“塑造主流舆论新格局”[①]，而凝聚社会共识就是当前舆论工作的重要任务。

要更好地发挥互联网在凝聚共识方面的作用。一是要构筑网上网下“同心圆”。广大党政干部应积极参与网络讨论，不回避问题、不遮掩矛盾，站稳立场、成风化人；面对网民对一些社会热点问题的质疑、批评，要主动走到“圈内”，倾听群众声音，收集群众意见；对于有悖社会主义核心价值观、不利于凝聚社会共识的网上错误言论，要敢于发声，澄清谬误、以正视听，进而凝聚人心、增进认同。

二是尊重网民主体性，提高舆论引导实效。对网络言论的重视归根结底源于对网民的重视，凝聚社会共识必须尊重网民主体性。尊重网民主体性，就要把网民看作网络舆论环境的参与者和建设者。网络传播是手段，凝聚社会共识才是目的。网络宣传工作要把提升有效性摆在突出位置，提

① 习近平．高举中国特色社会主义伟大旗帜为全面建设社会主义现代化国家而团结奋斗——在中国共产党第二十次全国代表大会上的报告 [EB/OL]. 中国政府网 ,(2022-10-25)[2023-02-01].http://www.gov.cn/xinwen/2022-10/25/content_5721685.htm.

升传播的专业性、适用性、艺术性和创新性，特别是要重视时、度、效问题。

三是提升媒介素养，鼓励各方积极发声。大力提升公众媒介素养，鼓励相关人士积极发声、引导舆论。鼓励专家学者积极“入网”，参与公共事件讨论，参与网络舆论引导，用深入浅出的理论解说为党发声、为国陈情，以专业视角引导网民学会理性思考，用客观理性的言论化解网络戾气，积极营造天朗气清的网络空间。要熟悉不同“圈子”网民的认知和文化状况，在不同圈子里培养传播正能量的意见领袖，让圈里人影响圈外人，用“圈内话”多讲凝聚社会共识的故事。意见领袖应有大局意识、责任感和使命感，将个人影响力用在有益于国家发展和民族团结的讨论中。传媒类院校应创新人才培养模式，加大对新媒体人才培养的投入，将优秀师资、培养计划更多地向新媒体专业倾斜，培养一批优秀的新媒体人才。

（二）加快健全中国特色网络内容治理体系

网络强国建设离不开清朗的网络空间，“网络空间是亿万民众共同的精神家园。网络空间天朗气清、生态良好，符合人民利益。网络空间乌烟瘴气、生态恶化，不符合人民利益”[①]。加强网络内容治理，营造风清气正的网络空间，日益成为推进国家治理体系和治理能力现代化的重要方面。

经过近 30 年的实践，在把握网络内容治理的基本特征和我国国情的基础上，在党和政府、行业、社会和公众的共同努力下，具有中国特色的网络内容治理体系已初步形成。然而，网络内容治理是一个动态发展的过程。随着新媒体的发展，网络内容生产和传播方式持续变革，一些新现象、新问题不断涌现出来，给网络内容治理带来挑战。例如，网络内容治理理念还需要平衡好安全与发展的关系；治理结构尚未形成，主体之间缺乏互动；内容立法仍待完善，执法能力亟待提升；治理技术发展滞后，难以适应现实

① 习近平．在网络安全和信息化工作座谈会上的讲话（2016 年 4 月 19 日）// 习近平．论党的宣传思想工作 [M]. 北京：中央文献出版社 ,2020:196.

需求。这些问题既有中国的特殊情况，也有世界范围普遍存在的问题。因此，我国要实现网络强国，还需要加快健全具有中国特色的网络内容治理体系。一是为国际互联网治理输送“中国经验”；二是为了促进中国与世界各国在网络内容治理领域的交流互鉴，博采众长，推动国际网络空间多边治理，共同维护网络空间和平安全，携手构建网络空间命运共同体。加快健全中国特色网络内容治理体系，主要可以从以下几个方面实现：

第一，建立健全基于管理端的网络内容治理制度体系。一是要明确治理理念，平衡好安全与发展的关系，通过构建多层次的价值评价体系，保证意识形态安全与经济发展的动态平衡。二是坚持技术与法制并重，对法律法规中滞后于网络发展的内容进行修改、完善和补充，为网络内容治理提供科学化、系统化、规范化、标准化制度设计，确保有章可循、有据可依。三是建立网络内容综合治理的管理与协作机制，以政府为主导增强治理各主体间的联系。健全跨部门、跨层级、跨地域、跨系统、跨业务的网络内容治理分工与协作机制，使政府监管与网民自律、内容安全与内容创新、用户管理与平台管理之间相互协同、高效运作。四是完善执法机制，以法律法规制度为基准，建立不同效力级别的法律法规、政策动议之间的关联和互动，以联通普惠、开放共享为互联网内容管理的价值追求，防止互联网内容管理制度被割据网络资源、侵犯隐私、窃取国家秘密、主权国家重构国际秩序等行为所利用。

第二，建立健全基于生产端的网络内容建设规则体系。网络空间内容生态的维护与治理不能只从终端开始，应从生产源头把控内容质量，防止一开始就被污染。对网络内容生产者，要根据其特点建立针对性强、可操作、易执行的规则和标准体系，以指引其内容生产过程。对网络平台运营者，需要压实平台的企业主体责任，应针对不同的网络平台制定实用对路的规则和标准，把平台的责任具体化、数据化、实时化，切实让平台主动承担起内容治理的社会责任。

第三，建立健全基于用户端的网络内容自律体系。用户是网络内容生态建设的重要参与者。网民的浏览、阅读、转发、点赞、打赏、付费等行为和数据都是网络内容生产与分发传播的重要参考依据。网民的素质和行为对网络内容的生产者、网络平台的运营者、网络社会的发展趋势有重要的影响。网络平台运营者应通过上网规则、平台约定、入网须知、技术限制等方式引导网民增强责任意识、依法上网意识、文明上网意识、个人隐私意识、网络安全与风险意识等，让每位用户都能够加强网络行为自律，从而促进网络空间生态良好。

第四，建立健全基于效果端的网络内容治理评价体系。网络内容治理应坚持效果导向，建立一套具备科学性、操作性、系统性和权威性的网络空间生态评价指标体系，明确评价的对象、方法、频率、主体、发布流程、后续反馈等，一以贯之地坚定执行下去，确保取得实效。充分发挥不同评价主体的职责与作用，网信工作职能部门负责制定、修改和主导实施网络内容治理评价的制度性文件；组织、委托或聘用第三方机构建构和完善网络内容治理评价指标体系；运用评价评估结果指导、监督和推动网络内容生产者和网络平台运营者履行主体责任，树立正面价值导向。第三方评估机构应秉持科学、公正的原则，发挥研究机构的权威性和专业性，在相关理论和经验研究的基础上建构一套经得起实践检验的评价指标体系，并根据监管部门和相关网络内容主体的意见反馈及时修订完善评价指标体系，使之与网络生态建设的实际情况同步发展，真正发挥网络内容建设风向标作用。

（三）推动媒体深度融合，构建全媒体传播体系

媒体融合是新时代主流媒体应对互联网挑战而提出的新课题，也是新时代发展过程中为更好地服务中心工作的必然要求。党的十八大以来，中央对媒体融合发展的政策支持力度明显加大，有针对性地出台了一系列政策措施，形成了比较系统全面的政策体系。当前，媒体融合已全面铺开并向纵深发展。2019 年 1 月，习近平总书记在主持十九届中共中央政治局第

十二次集体学习中强调：“全媒体不断发展，出现了全程媒体、全息媒体、全员媒体、全效媒体，信息无处不在、无所不及、无人不用，导致舆论生态、媒体格局、传播方式发生深刻变化，新闻舆论工作面临新的挑战。宣传思想工作要把握大势，做到因势而谋、应势而动、顺势而为。我们要加快推动媒体融合发展，使主流媒体具有强大传播力、引导力、影响力、公信力，形成网上网下同心圆，使全体人民在理想信念、价值理念、道德观念上紧紧团结在一起，让正能量更强劲、主旋律更高昂。”① “推进媒体深度融合，实施全媒体传播工程”② 被写进“十四五”规划。2022 年，党的二十大报告中提出要“加强全媒体传播体系建设”③。推动媒体深度融合，构建全媒体传播体系，应从以下方面着手展开：

一是加强顶层设计，建立更为合理、科学的媒体管理体制。我们应认识到媒体融合发展不能一蹴而就，要有探索、有规划、有引导；媒体融合建设更不能昙花一现，还需进一步向纵深发展，将顶层设计与实际发展相结合。我们应统筹处理好传统媒体和新兴媒体、中央媒体和地方媒体、主流媒体和商业平台、大众化媒体和专业性媒体的关系。政府管理要从具体的业务指导与干预中抽身出来，将主要精力放在上游的方向性指引与宏观设计，以及下游的效能评估与监督上；同时，在中游的具体实施融合行动的环节，将尽量多的主动权交给媒体，充分发挥市场的竞合机制，尊重市场规律和用户选择。

二是创新媒体组织模式，建立全媒体管理制度。当前党和政府主办的媒体面临市场化的激烈竞争，传统的事业单位的组织模式明显难以适应企业化管理模式的挑战，有必要按照市场化规则创新媒体组织模式，在生产、

---

① 习近平 . 加快推动媒体融合发展 构建全媒体传播格局 [J]. 求是 ,2019-03-16.

② 中华人民共和国国民经济和社会发展第十四个五年规划和 2035 年远景目标纲要 [EB/OL]. 新华网 ,(2021-03-13)[2023-01-19].http://www.xinhuanet.com/politics/2021lh/2021-03/13/c_1127205564_17.htm.

③ 习近平 . 高举中国特色社会主义伟大旗帜为全面建设社会主义现代化国家而团结奋斗——在中国共产党第二十次全国代表大会上的报告 [EB/OL]. 中国政府网 ,(2022-10-25)[2023-02-01].http://www.gov.cn/xinwen/2022-10/25/content_5721685.htm.

传播、技术、经营、营销等各个环节建立适应市场化发展趋势、遵循全媒体发展规律的管理制度，进行专业化运作，提升决策效率和管理水平；需要着手解决传统媒体由于体制原因所遗留的各种历史问题，如离退休人员安置、职能部门冗余等，减轻企业负担，使其轻装上阵。

三是充分发挥市场对资源配置的决定性作用。针对当前传统媒体产能过剩、人员冗余、生存困难的现状，与其苟延残喘，不如猛药去疴，有必要集中优势资源发展新兴媒体，探索建立基于社会效益与经济效益双重标准的媒体退出机制，对无法适应国家需要和市场要求的媒体机构果断“劝退”；在强调媒体生存的同时，也不能放松对媒体社会效益的要求，在市场逻辑与政治逻辑之间找到平衡点；此外，还要将市场竞争机制引入主流媒体发展中，使主流媒体主动贴近市场、贴近用户，减少“僵尸号”出现的概率。

四是从以平台为导向的媒体机构扩张转向以内容为核心的平台整合，丰富产品与服务形态，促进产业链完善与发展。媒体融合应为建立在理念、技术、平台、内容、服务等多个层面创新基础之上的系统融合、产业融合。主流媒体的发展不能局限在互联网新闻信息服务上，而应拓展到互联网信息服务上，通过多元多样的应用服务吸引用户，只有增加用户黏性，才能提高主流媒体平台的实用性、关注度、影响力。媒体管理者需要秉持开放的心态，采用多种方式灵活、大胆吸纳有影响力的互联网媒体。除了自筹自办新媒体平台之外，主流媒体平台还应该积极与现有的有影响力的新媒体平台展开合作，既要造势，也要借势。

五是把媒体资源向新媒体、全媒体业务倾斜，在人力、物力、财力和话语权上体现新媒体作为主要渠道的优先性。政府要从政策、资金、人才等方面加大对媒体融合发展的支持力度，转变办新媒体是附属任务的思想，让主力军上主战场，好钢用在刀刃上，将重点资源、精锐团队用在新媒体业务的第一线，给予新媒体部门与其地位相当的话语权和决策权，充分发掘新媒体的活力和创造力；在人才选拔上，应不拘一格，敢用新人，多用年轻人，建立正向激励机制，加强对骨干员工的激励措施，使员工与媒体成为命运共同体，让优秀人才脱颖而出。

六是嵌入基层治理，推动县级融媒体中心与基层网络政务服务融合发展。对基层网络政务服务而言，需要一个地方性综合信息内容服务枢纽作为支点，整合并盘活包括政务信息、用户数据、内容产品、媒体渠道、传播技术等在内的多种资源，以更强的专业性和持续运维能力，提升服务力和影响力；对县级融媒体中心而言，需要一个政务服务信息枢纽作为抓手，获取必要的政务服务资源，夯实其具有核心竞争力的政务服务功能，提升可持续发展能力；以政务服务为内核，以公信力和权威性为表征，进一步打通人与政府、人与人、人与信息的连接，增强用户黏性，构建本地公共舆论场域，创新舆论引导方式，促进舆论引导的生活化、服务化和体系化，更好地引导群众。

（四）建立网络内容审核标准，健全网络内容审核机制

伴随着网络内容参与主体的多元化，以及网络内容体量的海量化，网络内容的质量良莠不齐。社会化媒体作为网民交流的主要平台，存在着一些风险与挑战。例如，网络观点容易极端化，激化社会负面情绪；音视频类内容传播隐匿化，不良信息借机扩散；非主流价值观渗透加剧，传导消费主义观念；创作者反审核意识强化，违规内容得以传播；等等。网络内容风险反映出内容治理机制与内容发展速度不相适应的问题。当前网络内容审核工作在审核流程、审核技术、审核人员、优质内容激励机制等方面存在一定不足，具体表现在：一是审核手段机械化，操作流程缺乏统一性；二是审核技术手段落后，缺乏技术创新引导；三是意识形态敏锐度不足，审核人员资质体系有待完善；四是“底线”逻辑占据主导，优质内容引导机制不足。

网络内容审核工作事关网络内容治理的成效，关系网信事业的高质量发展，必须通过机制建设、政策完善、理念升级等方式加以改进，以增强网络内容审核体制机制的约束力和有效性，营造清朗的网络空间。可以通

过以下几个方面完善网络内容审核机制：

一是要建立系统的全流程标准。内容审核机制需要对平台审核工作的整体流程进行完整规约，包括前期的平台责任划分细则，人员培训细则及资质要求，审核过程中的工作公开机制和意见反馈机制，以及有益于平台内容长远发展的用户素养培育机制和优质内容激励机制四个方面。第一，内容审核标准需要从更为细化的角度对平台需要承担的工作内容进行指导，为平台提供重要的工作执行参照，减少平台审核工作的不确定性，降低审核工作难度。第二，需要引导建立专业化的审核人员培训机制，建立针对审核从业者的基础知识、政策法规、技术操作等一体化、全流程的培训体系。第三，需要提高内容审核工作的透明度，更好地发挥社会监督作用，提高用户对平台内容审核工作的参与度，加强与事件相关主体的对话与沟通，提高内容管理工作的针对性。第四，需要促进治理和引导工作前置，促进用户创作行为的规范化，提高用户鉴别筛选信息的能力，利用平台引流、内容评选等多种手段提高用户内容创作的积极性，引导优秀内容的生产和传播。

二是推出具体的可操作标准。内容审核标准机制需要为实际工作提供具体的实践指导，包括审核标准细则的完善和建立，内容评价体系的具体化有两个方面：从实施效果方面看，内容审核需要为审核工作提供统一的标准和实施方案，明确管理手段的实施尺度，提升网络内容审核的精细化水平及效果，同时减少相应的次生舆论问题。审核标准细则需要考虑网络内容治理的总体目标，也需要兼顾当前阶段网络内容特征以及用户需求，建立适应当前网络内容发展规律的内容审核体系。从制度设计方面看，内容审核需要建立具体化的价值评价体系，尤其是为模糊性、争议性内容的处理提供细致的判别标准，为健康、优质内容提供价值引导的方向和方法。同时，需要引导平台基于系统化的审核标准和治理理论制定各类行动预案，为审核工作提供实践指导和参考，缩短突发事件的处理周期，提高平台的风险感知能力和应对能力。

三是构建立体的多维度标准。内容审核标准体系需要从技术和内容两个方面构建更为立体化的评判标准：从技术角度来看，不仅要巩固基础内容审核技术的发展，而且要推进审核手段的全面智能化；不仅要完善针对负面内容管理的技术标准，而且要建立优质内容推荐和生产的相关技术规范。从内容角度来看，审核标准需要建立多层次的价值评价体系，既要进行总揽全局的顶层设计，又要建立适应具体情境的可操作标准；既要对负面内容和模糊性内容进行详细规约，又要对优质内容评判标准进行更为深入的指引。

一方面，当前内容审核亟须建立多层次的技术标准及规范，巩固基础内容审核技术的政策保障，推进新型智能化技术的政策支持，同时完善针对负面内容管理的技术标准和针对优质内容推荐生产的技术规范。具体地说，需要进一步强化复杂内容辨别技术的研发和优化，推动优质内容推荐机制的智能化和精准化，建立与网络内容结构形式相匹配的机器审核技术体系，促进文字、图片、视频识别技术的全面发展。鼓励平台深入拓展内容审核技术发展的深度与广度，突破当前机器审核的技术瓶颈，实现审核工作的智能化发展。

另一方面，当前内容审核需要构建多维度的内容标准，不仅要规定“底线”“红线”，明确灰色地带，也要对优质内容的标准予以更多指引，为网络内容创作提供积极向上的发展方向，同时指引平台将相应要求通过技术手段、内容手段加以实现。多维度的内容标准体系需要兼顾用户内容创作的引导与发展、平台管理方式的多样化与标准化、平台审核制度与流程的合理性等多个方面，鼓舞和激励网络内容创作，增强网络内容的多样性与创新性，指引网络内容的发展方向，推动网络内容建设融入社会文化发展，营造生态良好的网络空间。

（五）繁荣发展网络文化，共建网上美好精神家园

党的二十大报告中提出，“全面建设社会主义现代化国家，必须坚持中

国特色社会主义文化发展道路，增强文化自信，围绕举旗帜、聚民心、育新人、兴文化、展形象建设社会主义文化强国[①]”。网络文化的繁荣对于文化强国与网络强国建设具有深远意义。不断推进马克思主义中国化时代化，坚持以人为本，发展具有中国特色的网络文化，是建设网络强国与文化强国的重要路径。

一是以社会主义核心价值观为引领，推动传统文化与网络文化融合，促进网络文化的积极健康发展。建设具有中国特色的网络文化必须以社会主义核心价值观为指引，毫不动摇地把坚持以马克思主义为指导的原则贯穿于网络文化建设的全过程。[②]鼓励能够反映社会正能量的网络内容生产，以社会主义核心价值观引导网络文化传播，推动中华优秀传统文化、革命文化与网络文化形式和表达方式的融合，找到主流文化与网络文化之间的文化内核交集点，通过多元的表达形态传递社会主义核心价值观，营造和谐的网络文化氛围，发展社会主义先进文化。

二是以为人民服务为出发点和落脚点，推动网络文化向多元化发展，满足人民群众对美好精神文化生活的需要。发展健康向上的网络文化，应坚持以人为本，实现网络文化发展为了人民、网络文化发展依靠人民、网络文化发展成果由人民共享。[③]网络空间是人们的精神家园，要建立美好的网络公共文化空间。加快推进公共文化服务体系的数字化进程，加强公共数字文化建设，利用信息技术提高公共文化的服务能力。创新网络文化产品的生产方式与呈现形式，深入生活、扎根人民，加快推进反映中华民族、中国人民奋斗史等体现社会主义核心价值观的文化作品、文化活动的数字化、网络化、智能化传播，引领广大网民树立正确的历史观、民族观、文

① 习近平．高举中国特色社会主义伟大旗帜为全面建设社会主义现代化国家而团结奋斗——在中国共产党第二十次全国代表大会上的报告 [EB/OL]. 中国政府网 ,(2022-10-25)[2023-02-01].http://www.gov.cn/xinwen/2022-10/25/content_5721685.htm.

② 张超．推动发展积极健康的网络文化 [EB/OL]. 中国社会科学网百家号 ,(2021-07-06)[2023-01-27].https://baijiahao.baidu.com/s?id=1704522081341823672&wfr=spider&for=pc.

③ 高祖林．坚持以人为本 发展网络文化 [EB/OL]. 人民网 ,(2012-11-27)[2023-01-27]. http://theory.people.com.cn/n/2012/1127/c49150-19708196.html.

化观。[①]

三是以青年群体和亚文化群体为重点，加强主流意识形态教育，引导青年与亚文化群体向上向善发展。青年群体往往是亚文化诞生的重要圈层。青年及亚文化群体的思想动态与价值取向对于网络意识形态工作和网络文化的积极健康发展至关重要。要统筹处理好主流文化与青年亚文化之间的关系。青年圈层亚文化的管理往往依赖于少数核心成员，他们既是舆论的风向标，又能影响群体的凝聚力。对此，建设网络强国应当把握亚文化群体中的“意见领袖”，强化对意见领袖等关键传播节点的关注、引导和培养，充分跟踪和掌握其意识形态的变化，建立长效的沟通和转化机制，必要时进行社会主义核心价值观的引导，从而稳定亚文化社群的整体发展趋势。此外，加强对网络用户的网络素养教育，对重点人群、亚文化易感人群、青少年群体给予重点关怀和引导。

四是以数字产业化和产业数字化为抓手，加快推进网络文化产业高质量发展。习近平总书记强调：“要顺应数字产业化和产业数字化发展趋势，加快发展新型文化业态，改造提升传统文化业态，提高质量效益和核心竞争力。”[②] 加快发展新型文化企业、文化业态、文化消费模式，是推进文化产业数字化的着力点。持续推动各种文化资源的数字化、网络化和智能化发展，以 IP 为核心，以产业链为形态，促进文化产业发展。进一步确立数据产权制度，创新数字文化形式，加快传统文化产业的转型升级。加强网络文化人才队伍建设，培养一批“有文化、懂科技、会创作、善管理”的复合型网络文化高层次人才。加快培育一批具有国际竞争力的网络文化企业，不断壮大网络文化产业规模，打造更多具有广泛影响力的网络文化品牌。[③]

---

① 中国网络空间研究院网络传播研究所．网络空间汇聚强大正能量——我国网络内容建设发展成就与变革 [J]. 中国网信 ,2022(10).

② 何映昆．加快文化产业数字化布局 [N]. 人民日报 .2022-08-01(6).

③ 叶凌寒．加快推动网络文化产业高质量发展 [EB/OL]. 中国社会科学网百家号 ,(2021-11-04)[2023-01-27].https://baijiahao.baidu.com/s?id=1715478222972584193&wfr=spider&for=pc.

五、充分发挥网络优势，加强国际传播能力

习近平总书记在十九届中共中央政治局第三十次集体学习时强调，加强和改进国际传播工作，展示真实立体全面的中国。[①]党的二十大报告对“增强中华文明传播力影响力”作出重要部署，强调“坚守中华文化立场，提炼展示中华文明的精神标识和文化精髓，加快构建中国话语和中国叙事体系，讲好中国故事、传播好中国声音，展现可信、可爱、可敬的中国形象”[②]。

加强和改进网络国际传播，是网络强国建设的重要任务之一。当前国际形势纷繁复杂、瞬息万变，世界进入新的动荡变革期，国际舆论的作用越发突出，欧美国家仍是国际媒体市场的主导者，国际涉华谣言泛滥。在此背景下，加强和改进我国国际传播工作具有很强的必要性和紧迫感，需要切实提高我国的国际话语权，营造良好的网络舆论环境，促进对外文化交流和多层次文明对话，以构建网络空间命运共同体推动构建人类命运共同体。新媒体在获取与掌握话语权、凝聚共识等方面作用显著，加强网络国际传播能力成为网络强国建设的重要方面。

① 习近平在中共中央政治局第三十次集体学习时强调 加强和改进国际传播工作 展示真实立体全面的中国 [EB/OL]. 新华网 ,(2021-06-01)[2021-07-02]. http://www.xinhuanet.com/politics/2021-06/01/c_1127517461.htm.

② 习近平 . 高举中国特色社会主义伟大旗帜为全面建设社会主义现代化国家而团结奋斗——在中国共产党第二十次全国代表大会上的报告 [EB/OL]. 中国政府网 ,(2022-10-25)[2023-02-01].http://www.gov.cn/xinwen/2022-10/25/content_5721685.htm.

（一）“战略调整”，重塑国际传播格局

当前，我国正处于从网络大国向网络强国迈进的关键阶段，国际传播工作越发关键且紧迫。有必要为加强和改进国际传播工作注入更多的行政资源、经济资源、社会资源。

要以新媒体为抓手，转变以往传统的国际传播方式和工作模式，加强对新媒体技术的开发和利用，利用新媒体创新国际传播的内容（如美食博主宣介中国美食）和形式（如短视频等），尤其要发挥我国在短视频、直播等新兴应用场景的相对优势，提升我国国际传播内容产品的表现力和影响力，实现“弯道超车”；要完善市场机制，强化效果评估和可持续传播能力建设，重塑国际传播工作的业务流程，加大对用户资源（包括用户数据和用户生产内容）的重视程度和利用力度，强化用户调研和经验总结，利用人工智能、大数据等技术，依据目标用户的心理特点和诉求，提高精准传播的能力和水平，切实提升国际传播效率和效果；要以阵地建设为依托，加强对国际传播目标国家和地区的科学动态研判，及时调整国际传播工作布局，建立灵活高效的沟通协作机制，完善内部情报挖掘和信息通联机制，为国际传播工作提供高效协调的组织保障；要加强国内传播与国际传播工作的统筹与联动，吸附网上、网下多元传播主体，重构国际传播主体格局，加强国际传播体系化建设，充分释放国际传播合力。

（二）“深耕阵地”，融入国际媒体生态

囿于阵地缺失，当前我国国际传播工作缺乏必要的支撑点。整合传播资源，抓紧阵地建设，推动我国国际传播主体真正进入国际媒体生态和国际舆论生态，成为国际传播工作的核心要义和当务之急。

锚定细分市场，塑造国际化品牌。我国国际媒体建设起步较晚，要想

重构国际媒体市场格局和秩序，必须参与其中，适应国际媒体市场规则，并通过市场运作，不断积累足以影响甚至变革既有市场结构的能力。这就要求我国国际传播主体具备一定的“国际性”和“中立性”，厘清、协调好“传递官方声音”“申明官方背景”“代表官方立场”之间的层级关系。提升自身专业化水平，调整话语和叙事逻辑和风格，推动话语比重从“是什么”向“为什么”转移，推动叙事视角从“正面宣传”向呈现“发展中国”“复杂中国”[①]转移，打造国际化媒体品牌。

提升我国互联网平台的国际影响力。作为新媒体环境下国际传播的重要中介和关键变量，互联网平台的战略意义凸显，加强互联网平台建设、提升互联网平台国际影响力成为我国国际传播主体进入国际媒体和舆论生态的重要路径。我国互联网平台是国际传播工作的“主力军”，在保证数据安全、网络安全的前提下，应进一步加强国际化探索，比如通过技术创新和产品创新，构建出国际性的渠道优势，打破美欧国家对国际舆论场的垄断，打造具有国际影响力的、自主可控的国际传播阵地。同时，面对美国互联网平台在国际舆论场的强势，我国互联网平台也要敢于利用、敢于分化，持续揭露、挑战美国互联网公司宣扬的所谓“中立性”及其隐藏的政治倾向。

推动泛媒体化传播。鉴于当前我国国际传播渠道单一，国际传播效果和风险应对能力有限，我国互联网平台有必要借助网络内容生态的泛在化趋势（“万物皆媒”），拓展国际传播渠道，发挥融媒体的资源整合能力。在传播主体上，切实发挥自媒体力量，抓住专家学者的专业性、权威性，自媒体的生动性、丰富性，以及国内广大网民的广泛性、群众性，将多元传播主体纳入国际传播体系中，并在国际传播活动策划中增加对多元传播主体合力的设计和利用，提升国际传播的内容生产力和表现力。在传播载体上，应抓住我国在短视频、网络游戏等领域的产业优势，将这些新兴网

① 张志安．突出呈现“发展中国”“复杂中国”[N]. 环球时报，2021-06-21.

络平台作为国际传播新的着力点，以“泛媒体化”拓展国际传播触角，潜移默化地向外国民众传递中国的文化和价值观。

（三）“体制创新”，利用资本市场力量

针对国际传播工作，习近平总书记强调，要创新体制机制，把我们的制度优势、组织优势、人力优势转化为传播优势。① 我国应通过体制机制创新，及时调整当前我国国际传播工作与国际媒体市场化发展趋势不相适应的部分，调动并利用资本和市场之力，从资本和市场的底层逻辑构建我国国际传播影响力。

通过体制机制创新，释放国际传播机构的市场化竞争活力。我国应适当调整国际传播机构的经营结构和财政支持结构，增强其作为国际媒体市场主体的自主性，以市场竞争规则规范其市场行为、提升其专业性，以市场竞争压力推动供给侧改革，倒逼其主动创新经营管理方式、内容生产及传播方式；应强调效果评估，在统筹机制下适当释放其生产和经营活力，逐步建立并完善以市场为导向的激励机制和淘汰机制。

通过体制机制创新，推动国际传播主体在目标国市场建立实体组织机构。考虑到国际传播工作的艰巨性和长期性，我国应进一步系统化、精细化研究国际传播目标国格局及传播任务，通过当地媒体表现、社会舆论等划分出国际传播工作程度、难度、效度等级，对亟须开展国际传播工作的国家和地区优先建立传播实体落地机构，并依据当地政治环境、媒体环境、文化环境和用户内容消费习惯，因地制宜地调整落地传播实体的建设方式和建设重点。

通过体制机制创新，以收购、并购、技术支持等方式与当地媒体开展

① 习近平在中共中央政治局第三十次集体学习时强调 加强和改进国际传播工作 展示真实立体全面的中国 [EB/OL]. 新华网 ,(2021-06-01)[2021-07-02]. http://www.xinhuanet.com/politics/2021-06/01/c_1127517461.htm.

合作。相较于“空降”实体机构，这种方式可以通过资本和市场运作与当地媒体形成互惠网络，更好地适应当地经济社会环境，但潜在成本相对较高。目前我国已在非洲等地区陆续开展媒体市场的资本运作，并积累了一定的成功经验。此外，我国还可以通过技术援建或技术支持（如 5G 等网络通信技术、高清电视转播技术、短视频等新兴网络应用技术、人工智能技术等）带动媒体合作，凭借技术优势打进当地媒体市场。

（四）“文化先行”，构建国际话语体系

当前，提升我国国际传播效能的一个重要掣肘便是外国民众对中国的“刻板印象”根深蒂固，许多国际传播活动和内容往往在一开始就会被外国民众这种“先入为主”的判断所“排斥”和“屏蔽”。习近平总书记指出，要加快构建中国话语和中国叙事体系，用中国理论阐释中国实践，用中国实践升华中国理论，打造融通中外的新概念、新范畴、新表述，更加充分、更加鲜明地展现中国故事及其背后的思想力量和精神力量。[①]

化解外国民众的“刻板印象”，需要传播内容“软着陆”。文化是构建融通中外的话语体系的关键，应该绕开意识形态、政治立场隔阂，构建具有全球性的“共同语言”。因此，舆论建设和文化建设是国际传播的一体两面。与加强和改进国际传播工作相并行的，是加强和改进中华文化的对外建设和传播，然而，当前我国的文化影响力仍然较弱。相关调查显示，当前我国的文化影响力仅位居世界第十一名，落后于美、英、日等国际传播主要目标国，[②] 存在文化影响力逆差。国际传播要统筹、加强文化传播，以点带面，以文化人，为国际传播工作开辟新局面，为持续深化国际传播工

① 习近平在中共中央政治局第三十次集体学习时强调 加强和改进国际传播工作 展示真实立体全面的中国 [EB/OL]. 新华网 ,(2021-06-01)[2021-07-02]. http://www.xinhuanet.com/politics/2021-06/01/c_1127517461.htm.

② U.S.News, BAV Group, The Wharton School of the University of Pennsylvania. The 2021 Best Countries rankings (Cultural Influence) [EB/OL]. (2021-04-13)[2023-01-18]. https://www.usnews. com/news/best-countries/rankings/influence.

作获取源源动力：一方面要重视对历史、风俗、品德、内涵等深层文化的传播，增进国外民众对中华文化、中国历史的了解，引导其从文化和历史的厚度中理解中国语境、中国叙事；另一方面要加强数字文化传播，借助新媒体技术手段，调动文化博主等自媒体的积极性和能动性，将更多元的中华文化、更真实的中国社会呈现给外国民众，构建出有助于理解中国语境、中国叙事的场景和体验。

（五）“落地本土”，创新本土化策略

内容本土化是国际传播方式创新的基本遵循。对此，习近平总书记强调，要采用贴近不同区域、不同国家、不同群体受众的精准传播方式，推进中国故事和中国声音的全球化表达、区域化表达、分众化表达，增强国际传播的亲和力和实效性。[①]

顺应海外传播平台特点，贴近当地网民使用媒体的习惯。以美国社交媒体为例，国际传播要进一步加强对美国社交媒体传播特点与规律的认识和把握，一方面要总结出美国社交媒体用户“爱看什么”，另一方面要从其舆论环境中分析出用户“在想什么”，找到符合社交媒体传播规律的有助于消除偏见的切入点。比如，用户往往依据与传播主体的接近性衡量内容可信度，这种接近性可能来自同属一类人，相应地可以设计出“外国人看中国”等内容（如 CGTN 中国国际电视台推出的网络视频节目《海客谈：海外 Z 世代眼中的中国》）；接近性也可能来自同为普通人（非官方背景），相应地则可以设计出“博主说中国”等内容，尊重国外民众所推崇的个性化审美，以点带面，见微知著，生动活泼地展现中国的社会生活与发展变化。

内容本土化的本质是以用户为导向，尊重并适应市场规则。我国国际

① 习近平在中共中央政治局第三十次集体学习时强调 加强和改进国际传播工作 展示真实立体全面的中国 [EB/OL]. 新华网 ,(2021-06-01)[2021-07-02]. http://www.xinhuanet.com/politics/2021-06/01/c_1127517461.htm.

传播工作应在内容本土化上加大研究和创新力度，要以更开放的姿态、更“接地气”的方式，推动中国话语和叙事与目标国文化观念有效结合，不断提升应对变局、增信释疑的能力，更加关注国际性议题，并抓住重大议题（如新冠疫情防控、疫苗研发与接种等），体现中国制度、中国道路的优越性，促成海外用户观念质变。同时，内容本土化、提升亲和力不是“阿谀奉承”，国际传播要自信、落落大方，要体现中国能力、中国责任、中国担当。正如习近平总书记所言，中国“有能力也有责任在全球事务中发挥更大作用，同各国一道为解决全人类问题作出更大贡献”。[①]

① 习近平在中共中央政治局第三十次集体学习时强调 加强和改进国际传播工作 展示真实立体全面的中国 [EB/OL]. 新华网 ,(2021-06-01)[2021-07-02]. http://www.xinhuanet.com/politics/2021-06/01/c_1127517461.htm.

六、调动多元主体能动性，形成协同发展治理格局

习近平总书记指出："网信事业发展必须贯彻以人民为中心的发展思想，把增进人民福祉作为信息化发展的出发点和落脚点，让人民群众在信息化发展中有更多获得感、幸福感、安全感。"[①] 网信事业发展为了人民，网信事业发展更依靠人民。从推动互联网落地中国的科研院所，到为互联网发展注入蓬勃活力的商业公司，再到创造了绚烂多彩网络文化的网民，实践证明，互联网发展除了依靠自上而下的顶层设计，还离不开自下而上的基层创新。建设网络强国，必须意识到建设主体的多元性和能动性，充分发挥社会资源优势，鼓励、引导多元主体参与互联网发展与治理，为我国网信事业凝聚强大合力。

（一）关注用户需求，鼓励用户积极参与互联网发展

互联网具有交互性，在这种双向传播模式下，互联网用户既是接收者、消费者，更是创造者、建设者。《中国互联网发展报告 2022》蓝皮书显示，截至 2022 年 6 月，我国网民规模达 10.51 亿。庞大的网民规模给我国互联网发展带来巨大的"人口红利"。这份"红利"不仅体现在国内互联网市场规模和潜力之大，而且更重要的是用户作为内容生产者，能够为互联网发展创造价值、贡献智慧、提供反馈。一方面，要通过舆论引导和政策扶持，

① 习近平．在全国网络安全和信息化工作会议上的讲话（2018 年 4 月 20 日）// 中共中央党史和文献研究院编．习近平关于网络强国论述摘编 [M]. 北京：中央文献出版社 ,2021:25.

营造互联网万众创新的条件和氛围，将电商创业者、网络服务提供者、网络内容原创者、网上志愿者、中国故事讲述者等汇聚到我国网信事业的发展洪流中；另一方面，要坚持互联网发展成果惠及人民群众，让人民群众在参与互联网发展的进程中感知并收获实实在在的实惠，为人民群众的参与、建设提供正向反馈。为此，要充分体察用户实际需求，充分认识到互联网发展存在的区域性、群体性差距，利用互联网解决民生问题；加强数字农村、数字社区建设，消除不同收入人群、不同地区间的数字鸿沟，充分发挥互联网在乡村振兴中的作用；发展远程教育，推动优质教育资源城乡共享，[①]努力实现文化教育资源均等化[②]；大力发展数字公共服务，推动数字适老化改革；等等。

同时，互联网提供了与网民互动交流的渠道。在网络空间治理中认真聆听网民声音，发挥舆论监督作用；走好网上群众路线，了解群众所思所愿，收集好想法好建议，积极回应网民关切、解疑释惑；让互联网成为党和政府同群众交流沟通的新平台，成为了解群众、贴近群众、为群众排忧解难的新途径，成为发扬人民民主、接受人民监督的新渠道。要尊重网民的主体性，提升网络舆论引导有效性；要创新传播方式，遵循网络开放性、互动性、参与性、去中心化等特点，从内容、主体和渠道三个维度，既要大水漫灌，做到全覆盖、全方位、全媒体和全平台宣传报道，又要小雨滴灌，发挥网站、“两微一端”等平台各自优势，多形式加工、多终端适配和多形态传播；既要策划内容生产“编码”，又要结合广大网民“解码”，减少“编码”“解码”之间的信息误差，真正让网民认知、认同、认可。领导干部要充分发挥“关键少数”的重要作用，认真研究互联网传播规律，学会通过网络走群众路线，让互联网成为沟通党心民意的新平台、新路径、新渠道。

---

① 习近平．走中国特色社会主义乡村振兴道路（2017 年 12 月 28 日）// 中共中央党史和文献研究院编．十九大以来重要文献选编（上）[M]. 北京：中央文献出版社 ,2019:143.

② 习近平．建设世界科技强国（2016 年 5 月 30 日）// 十八大以来重要文献选编（下）[M]. 中共中央党史和文献研究院编．北京：中央文献出版社 ,2018:336.

（二）推动互联网与政务服务相结合，成果惠及百姓

随着互联网运用普及和大数据等技术快速发展，国家治理正逐步从线下向线下线上相结合转变，从掌握少量“样本数据”向掌握海量“全体数据”转变，这为推动治理模式变革、提升国家治理现代化水平提供了有利条件。习近平总书记强调，“我们要深刻认识互联网在国家管理和社会治理中的作用，以推行电子政务、建设新型智慧城市等为抓手，以数据集中和共享为途径，建设全国一体化的国家大数据中心，推进技术融合、业务融合、数据融合，实现跨层级、跨地域、跨系统、跨部门、跨业务的协同管理和服务”①；要运用现代信息技术，推进政务信息联通共用，提高政务服务信息化、智能化、精准化、便利化水平，让群众少跑腿。

发展“互联网 + 政务服务”是实现互联网发展更好服务百姓、惠及群众的重要路径和突出表现。发展“互联网 + 政务服务”，要着力加强5G/6G、云计算、大数据、人工智能等新一代互联网基础设施建设，为“互联网 + 政务”所需要的跨部门、跨领域、跨地域的数据流通、业务协同、流程优化等创造条件，为实现“智慧政务”奠定基础。要进一步优化网络政务服务体系，重视数据的作用，整合跨层级、跨区域、跨部门资源，建立相应的联动与协作机制，确保上下联动、左右联通，避免重复建设，避免出现管理和服务真空。要形成平台化思维及工作机制，一方面是要加强平台建设，如政务服务平台、数据共享交换平台②，与商业平台加强合作，打通接口、入口，保障数据安全，避免因用户迁移成本过高而陷入信息服务“孤岛”；另一方面是将政府转变为平台，构建一个政府、市场、社会都能互动、参与、协同的开放性服务体系和治理体系，并为此探索、建立

---

① 加快推进网络信息技术自主创新 朝着建设网络强国目标不懈努力 [N]. 人民日报，2016-10-10(1).

② 翟云．“互联网 + 政务”：现实挑战、思维变革及推进路径 [J]. 行政管理改革，2016(3):30-35.

业务协同长效机制，创新制度保障。进一步提高数字政府建设水平，要将数字政府建设及建设成果推向基层，打通网络政务服务的“最后一公里”。要充分体察基层实际需求，因地制宜，切实解决基层用户的实际问题。推动基层网络政务服务与基层融媒体相结合[①]，利用后者的在地传播力和影响力、内容生产和分发能力、内容服务能力及平台运维能力，打造基层信息内容服务枢纽，真正嵌入基层社会治理体系，切实为基层人民群众提供服务。

（三）发挥平台参与社会治理的服务力和创新力

如今，以“微信”“淘宝”“支付宝”“抖音”“滴滴”“饿了么”等为代表的互联网平台在社会治理中的作用和价值越发突出。平台凭借技术优势，推动服务创新和功能优化，从公共服务、舆论引导、知识科普、应急管理等方面为社会治理提供了更多的可能性。

平台成为社会治理的关键主体，政府应加强与平台的合作，发挥平台参与社会治理的服务力和创新力，推动国家治理体系和治理能力现代化。发挥平台作为夯实治理体系“连接器”的作用，利用平台掌握的信息、用户、技术等关键资源，优化公共服务水平，提升社会风险预测预警研判能力；借助平台开放式接口（如 API）架构以及信息资源管理系统，搭建起多元主体相互协调、充分沟通的公共服务供给结构[②]，提升社会治理的协同能力和效率。发挥平台作为创新治理方式“孵化器”的作用，利用平台的产品创新能力，合作打造出具有互联网思维、符合互联网时代用户媒体使用习惯的网络政务服务或公共服务产品，为人民群众的生产生活带去便利。发挥平台作为深化治理实践“试验田”的作用，通过拓展治理场景，

---

① 谢新洲，石林．嵌入基层治理：县级融媒体中心与基层网络政务服务的融合发展 [J]. 传媒，2021(8):31-34.

② 谢新洲，宋琢．构建网络内容治理主体协同机制的作用与优化路径 [J]. 新闻与写作，2021(1):71-81.

提升治理体系和治理能力对基层多元场景的适应性，增强解决实际复杂问题的能力；通过探索治理方式，形成经验模式，推动建立社会治理长效机制。

结 语

从起源来看，互联网是国际竞争的产物，具有开放性、交互性、多媒体等特征。互联网带来人类社会经济发展方式的转变、内容生产方式的颠覆和社会治理方式的变革。随着互联网向政治、经济、文化等诸多领域渗透、嵌入，互联网对经济社会发展的影响越发全面而深远，逐渐成为国家综合实力的重要组成。互联网成为国家博弈的新战场，世界各国加紧布局网络空间战略，并围绕网络安全与主权、互联网技术、数字经济、国际话语权等展开激烈争夺。

随着互联网在我国快速普及，以习近平同志为核心的党中央主动顺应信息革命趋势，审时度势，提出网络强国战略。在习近平总书记关于网络强国的战略思想指引下，我国网信事业取得了历史性成就，探索走出了一条中国特色治网之道，我国正在从网络大国向网络强国阔步迈进。但不可否认的是，我国尚未建成网络强国，互联网发展与治理水平距世界领先国家仍有差距，在网络安全维护、核心技术攻关、网络话语权争夺、网络生态治理等方面仍面临较大困难和挑战。在全球互联网发展趋势和当前我国互联网发展存在问题的双向激荡下，建设网络强国的历史使命凸显出来——建设网络强国是新时代建设社会主义现代化强国的重要内容，是解决新时代我国社会主要矛盾的重要途径，是维护网络安全和国家安全的重要保证，更是新时代中国为世界作出更大贡献的重要方面。

建设网络强国，最根本的就是要深入学习贯彻习近平总书记关于网络强国的战略思想，充分认识到网络强国建设的紧迫性、重要性和系统性，准确把握网络强国目标体系，包括核心和关键技术实现突破并占据主导、网络安全和主权得到维护、数字经济高质量发展、网络内容生态得到优化、国际互联网话语权得到提升、互联网服务社会治理潜能得到释放、构建国际网络空间命运共同体等。建设网络强国，要找差距、补短板、强弱项，抓住主要矛盾，解决关键问题；要坚持党的领导，加强党对网信工作的集中统一领导，坚决维护网络安全和主权；加强网络空间法治化建设，推动依法治网；加强网络空间国际交流合作，推动构建网络空间命运共同体；加强技术建设及人才储备，努力实现核心技术突破，掌握技术话语权；大力发展数字经济，发挥数据要素价值和企业主体作用，增强我国互联网产业竞争力；深化网络内容治理，推动媒体深度融合，繁荣发展网络文化，营造清朗网络空间；充分发挥互联网优势，切实加强国际传播能力；调动企业、社会组织、用户等多元主体能动性，增强互联网发展活力，为网信事业凝聚合力。

作为习近平新时代中国特色社会主义思想的重要组成部分，习近平总书记关于网络强国的战略思想，思想深邃、内容丰富、体系完备、博大精深，明确了网信工作在党和国家事业全局中的重要地位，明确了网络强国建设的战略目标，明确了网络强国建设的原则要求，明确了互联网发展治理的国际主张，明确了做好网信工作的基本方法①，为我国网信事业发展奠定了思想基础，强化了政治保障，指明了前进方向，提供了根本遵循。我们必须全面、深入、准确地把握习近平总书记关于网络强国的战略思想的科学内涵和实践要求，切实增强贯彻落实的思想自觉、政治自觉和行动自觉，将这一科学理论的强大思想伟力转化为推进网信事业取得新发展的巨大实践动力，提升网络安全和信息化工作能力水平，努力把我国建设成为网络强国，为全面建设社会主义现代化国家、全面推进中华民族伟大复兴作出新的更大贡献！

---

① 庄荣文．网络强国建设的思想武器和行动指南——学习《习近平关于网络强国论述摘编》[EB/OL]. 求是网 ,(2021-02-01)[2023-01-30].http://www.qstheory.cn/dukan/qs/2021-02/01/c_1127044103.htm.

后　记

党的十八大以来，习近平总书记高度重视互联网发展治理，从信息革命发展大势和国际国内大局出发，科学总结了我国互联网波澜壮阔的发展治理实践，深刻回答了互联网发展治理的基础问题和关键问题，形成了习近平总书记关于网络强国的战略思想，为做好新时代网络安全和信息化工作指明了方向、提供了遵循。深入学习、把握、阐释、宣介习近平总书记关于网络强国的战略思想，具有非常重要的意义。

接到约稿任务后，研究团队高度重视，立即组织力量投入相关研究和写作工作中。我们着力解决一些关键的理论问题，着眼于互联网的技术变革性、社会嵌入性和战略重要性，深刻阐释了建设网络强国的必要性和紧迫性，深入剖析了建设网络强国的目标体系和实现路径，旨在为网络强国建设提供学理支撑。解决理论问题难度大、标准高，既有相关研究或资料又相对有限，这给相关研究工作带来不小的挑战。为此，我们系统梳理习近平总书记关于网络强国的战略思想和相关政策文件，扎实做好案头工作，并多次组织内部集体学习，保证立场站得稳、方向拿得准、内容有高度；我们坚持理论与实践相结合，从研究团队多年的研究成果中汲取理论和实证源泉，如持续深耕的中国互联网发展历史研究、基于全国大规模历时性问卷调查的新媒体社会嵌入研究、以解决重大问题为导向的新媒体发展管理研究和网络内容治理研究等，保证言之有物、有理有据；我们还咨询学界业界多位专家学者，他们为本书提供了诸多宝贵的意见建议，大到方向、结构，小到案例、措辞，让本书更有深度、更有分量。

参加本书撰写和资料收集工作的还有：石林、杜燕、张静怡、胡宏超、朱垚颖、宋琢、林彦君。人民日报社原副总编辑张首映，中央网信办网络空间研究院副院长宣兴章，中国政法大学新闻传播学院院长、教授刘斌，原《新闻与写作》主编耿瑞林为本书提供了宝贵意见。在此，向他们的辛勤付出、慷慨相助，表示衷心的感谢！

网络强国建设是一个复杂的系统工程，辐射多个领域，涉及多种学科，且因应技术发展趋势和国际局势变化不断纵深，要求相关理论研究和学理阐释具有全面性、系统性和发展性。本书为阶段性研究成果，尚有诸多不足之处，恳请各位读者批评指正！